Pythonによる
はじめての
数値流体力学

松井 純 [著]

森北出版

● 本書のサポート情報を当社 Web サイトに掲載する場合があります．下記の
URL にアクセスし，サポートの案内をご覧ください．
https://www.morikita.co.jp/support/

● 本書の内容に関するご質問は下記のメールアドレスまでお願いします．なお，
電話でのご質問には応じかねますので，あらかじめご了承ください．
editor@morikita.co.jp

● 本書により得られた情報の使用から生じるいかなる損害についても，当社およ
び本書の著者は責任を負わないものとします．

JCOPY 〈(一社)出版者著作権管理機構 委託出版物〉
本書の無断複製は，著作権法上での例外を除き禁じられています．複製される
場合は，そのつど事前に上記機構（電話 03-5244-5088, FAX 03-5244-5089,
e-mail: info@jcopy.or.jp）の許諾を得てください．

はじめに

この本の概略

　水や空気などの流れをコンピュータを使ってシミュレートするやり方は，数値流体力学 (computational fluid dynamics, CFD) とよばれています．この本ではCFD の，とくに非圧縮流れとよばれる流れのシミュレーションに関する基礎的な事項について，Python でプログラムを実際に作って動かしてみながら解説します．

　この本は，流体力学についての基礎的な知識がなくても読解できるようにしたつもりではありますが，「境界層」などの流体力学の用語の解説はしていません．流体力学の良書は数多く出版されていますので，一般的な知識を得るにはそれらを参考にしてください．また圧縮性流れの数値シミュレーションについても，この本では扱っていません．Python についても，この本で扱う範囲については少しだけ解説していますが，不足と思われたなら入門書などで適宜補填してください．

この本のおもな目的

　2024 年の時点で，CFD を行うための市販ソフトウェアは多数販売されています．その中には無料のもの，オープンソースのものもいくつも公開されています．これらを使えば，CFD に関する知識がなくても流れのシミュレーションを行うことができます．しかし，シミュレーションにおいて，その中身を理解しないで使うことは大変危険でもあり，また計算機資源の無駄づかいにもつながります．

　流れの完全なシミュレーションを行うには，現在のスーパーコンピュータをもってしても，計算能力がまだまだ足りていません．限られた計算機の性能の中で信頼性のある計算を行うためには，流れ現象や CFD についての知識が必要となります．また，不適切な境界条件や初期条件で解析すれば，現実とは違う解を得てしまうことになります．実際の CFD では，乱流や混相流のための計算モデルを使う際に不適切なモデルを選択しても，やはり間違った解が得られてしまいます．

　コンピュータは正直なので，不適切な条件を設定すれば不適切な結果を出してきます．ですから，信頼性のあるシミュレーションを行うためには，CFD について

の知識が不可欠です．

　そのような知識は，教科書を読んだだけでは，なかなか身につきません．実際に作って試してみるのが，遠回りなようで一番の近道であると，筆者は考えています．その体験をしてもらうことが，本書のおもな目的です．最終的には，自分で解きたい流れを設定して解けるような CFD プログラムを作るところまで説明します（もちろん，一般の CFD ソフトウェアに比べて，制限や限界が多数あるのですが）．そのため，文章を読むだけでなく，示されたソースコードの意味を考えながら実際に作成して，動かしてみることをお勧めします．また最後の章では，実際の CFD を行ううえでのさまざまな知識や考え方も紹介しています．

この本の副次的な目的

　CFD に限らず，数値解析のプログラムにおいて予想と異なる結果が得られた場合には，その原因がプログラミングのミスによるものなのか，それとも使用している手法が妥当ではないためなのかを判別するのは非常に難しいです．ときには参考にした教科書や論文の記述があやふやであったり，一般性がなかったりすることもあります．このため，自分のソースコードに間違いが（ほぼ）ないことを確認しながら作っていくことがとても大切です．

　この本では，初歩的な CFD を実行するために必要となる関数群を，少しずつチェックしながら作って積み上げていく過程を示しています．これは，できるだけミスをしないで，楽をしながらプログラムを作るための有力なやり方の一つであり，ソフトウェアの専門家にはユニットテスト，あるいは TDD (test-driven development) として知られている方法の，原始的なやり方です．

　CFD に限らず，さまざまな計算のためのプログラムを書かなくてはならない人は多いと思います．そのような人がプログラミングの教科書の例題よりも少し規模が大きく，実用に近いプログラムを作る際の参考になれば，とも思っています．

　ここに示したソースコードは完全なものではありません．性能よりも読みやすさを優先していますし，またミスが残っているかもしれません．これらのソースコードを，「自分の手で改良してやる」くらいの気持ちで読んでみてください．

2024 年 8 月　　　　　　　　　　　　　　　　　　　　　　　　　　松井純

本書に登場するソースコード

ソースコードは，すべて下記の URL よりダウンロードできます．

https://www.morikita.co.jp/books/mid/069211

登場するソースコードの一覧

ファイル名	コード番号	内容
bicgstab.py	8.1	BiCGStab 法による求解
canvas.py	7.1	可視化の支援関数
channel1.py	6.11	SMAC 法による流れの解析
channel2.py	8.2	BiCGStab 法を用いたチャネル流れ解析
channel3.py	8.5	オイラー陰解法によるチャネル流れ解析
channelset.py	6.4	チャネル流れの境界条件・初期条件の設定
convcip.py	4.2	CIP 法による対流方程式の計算
convupwind.py	4.1	1 次風上差分法による対流方程式の計算
field.py	6.1	流れ場データの準備
jacobi.py	2.4	ヤコビ法による求解
navD.py	6.8	連続の式の評価
navP.py	6.10	圧力変化量の計算
navPress.py	6.5	圧力項と圧力補正項の評価
navUpwind.py	6.6	対流項の評価
navVel.py	6.9	速度の加算と境界値の設定
navVisc.py	6.7	粘性項の評価
navViscImp.py	8.4	陰的な粘性項の解析
postDist.py	6.12	計算結果のグラフ化
postScalar.py	7.2	スカラー量の可視化
postVector.py	7.3	流速ベクトルの描画
sample1.py	1.1	a + b の計算
setup.py	6.3	流れ場設定のための問題
show.py	6.2	流れ場データの表示
sin.py	2.1	sin 関数の計算
sin2.py	2.2	sin 関数のグラフ化
sindiff.py	2.3	有限差分の計算
sindiffPrac.py	A.1	問題 2.1(2) の解答
tdma.py	8.3	TDMA 法による求解
train01.py	1.2	配列 0〜9 の表示
train02.py	1.3	enumerate() の使い方
transfinite.py	A.2	問題 9.1 の解答
variation1.py	8.6	図 8.1 の流れの解析
visex.py	3.1	オイラー陽解法による拡散方程式の計算
visim.py	3.2	オイラー陰解法による拡散方程式の計算

目　次

はじめに ... *i*

第 1 章　準備と基礎的な計算 ... *1*
1.1　表記と定義 ... *1*
1.2　準　備 ... *2*
1.3　Python「超」入門 ... *6*

第 2 章　有限差分法 ... *18*
2.1　離散化 ... *18*
2.2　有限差分法 ... *24*
2.3　ヤコビ法による求解 ... *29*

第 3 章　拡散方程式の計算 ... *37*
3.1　1 次元拡散方程式 ... *37*
3.2　オイラー陽解法 ... *38*
3.3　オイラー陰解法 ... *42*
3.4　半陰解法 ... *46*

第 4 章　対流方程式の計算 ... *47*
4.1　1 次元対流方程式 ... *47*
4.2　CFL 条件 ... *48*
4.3　中心差分による解法 ... *48*
4.4　1 次風上差分による解法 ... *49*
4.5　高次風上差分 ... *53*
4.6　CIP 法による解法 ... *53*

第 5 章　流れ解析の手法　　58

- 5.1　流れの解き方　　58
- 5.2　計算スキーム（SMAC 法）　　61
- 5.3　MAC 系列の計算スキーム　　64
- 5.4　スタガード格子　　67
- 5.5　境界条件　　74

第 6 章　流れ計算の実装　　84

- 6.1　流れ解析アプリケーションの設計　　84
- 6.2　流れ場データの実装　　87
- 6.3　支援関数の実装　　92
- 6.4　流れ解析部の実装　　102
- 6.5　流れ解析の実行　　112

第 7 章　後処理　　117

- 7.1　結果の可視化　　117
- 7.2　スカラー量の可視化　　119
- 7.3　ベクトル量の可視化　　125
- 7.4　流線の可視化　　127
- 7.5　渦の強さを示す量　　131

第 8 章　流れ計算の改良　　134

- 8.1　高速な求解法　　134
- 8.2　粘性項評価の改善　　146
- 8.3　解きたい流れを解く　　153

第 9 章　さまざまな流れを解く　　157

- 9.1　乱流モデル　　157
- 9.2　定常計算　　171
- 9.3　内部物体や移動物体のある流れ　　172
- 9.4　液面のある流れ　　175
- 9.5　前処理：一般曲線座標系と格子生成　　179

次のステップへ	*187*
問題の解答例とヒント	*190*
参考文献	*196*
索　引	*198*

Column

エラーが出たときに	*9*
デバッグのやり方	*57*
言語と配列	*86*
バージョン管理ツールの利用	*116*
プロファイリング	*146*

第 1 章
準備と基礎的な計算

この章では，実際に計算を行うための準備と，プログラム言語 Python について説明します．

1.1 表記と定義

最初に，この本での表記方法や言葉の定義について，簡単に説明しておきます．

1.1.1 ● ターミナル

この本では，コンピュータへのさまざまな指示を，CUI (character user interface) というやり方で行います．これは文字 (character) によって指示を行うものです．

マウスや指を使って画面上で指示を行う，いわゆる GUI (graphical user interface) のやり方に慣れている人が多いでしょうが，文書を介したやりとりをするときに CUI には大きなメリットがあります．たとえば，GUI で画面のどこをクリックするかという説明には多くの図が必要になりますが，CUI では 1 行の文で済みます．また CUI では，どのような作業をしたかの記録を簡単に残せるので，その記録を見せながら相談することも簡単です．CUI ではキーをたくさん押さなければならないと思っている人がいるかもしれませんが，履歴機能や補完機能を使うと，長いコマンドの文字も比較的楽に入力できます．

CUI によってコンピュータに指示を行うためのアプリケーションは，Unix や MacOS では「ターミナル」あるいは「端末」などとよばれています．Microsoft Windows では「コマンドプロンプト」とよばれます[†]．これらを，この本では一律に ターミナル とよぶことにします．

[†] Microsoft Windows には「PowerShell」という CUI のツールもありますが，この本ではコマンドプロンプトでの操作を説明します．

1.1.2 ● コンピュータへの入力

この本では，上で説明した「ターミナル」を用いてコンピュータで一連のコマンドを実行する場合，入力する指示を下記のような枠で示します．

```
python3 --version
```

1.1.3 ● コンピュータの出力

計算結果など，コンピュータが出力する情報を示すときは，下のように表現します．

```
a = 4.2    b = 3.0
```

1.1.4 ● ソースコード

コンピュータ上で動作するさまざまなアプリケーションは，まず Python などのプログラミング言語で機能を記述し，それをアプリケーションに変換することで作成されます．このプログラミング言語で記述された文書を「プログラムコード」や「ソースコード」とよびます．この本の中では，これらをソースコードと統一してよぶことにします．ソースコードは次のように示します．

```
1  def add1(aaa):
2      return aaa + 1          # comment
3
4
5  if __name__ == '__main__':
6      print(add1(4))
```

枠の左側の番号は，説明のために付記した行番号です．このソースコードを実際に作成する場合には，水色の枠の中だけを入力してください．

なお，Python ではインデントや空行など，ソースコードの書き方の規則が PEP8 という規格で決められています．この本での表記もほぼこれに準じています．

1.2　準備

数値計算を行うための道具を準備して，環境を整えましょう．

1.2.1 ● コンピュータの準備

最初に，計算を行うためのコンピュータを用意してください．あなたが普段使っているパーソナルコンピュータ (PC) で，この本に示されている数値計算のすべてを行えるはずです．

この本で示しているソースコードは，MacOS, Ubuntu Linux, Microsoft Windows の各 OS (operating system) 上で動くことを確認しています．iPad などのタブレットでは確認していません．

なお，コンピュータに Python などのツールをインストールするために，若干の空きディスク容量が必要です．

1.2.2 ● Python のインストール

まずは Python を使える環境を用意しましょう．

MacOS や Linux の OS が搭載されているコンピュータには，はじめから Python がインストールされていることがあります．ただし古いコンピュータだと Python の version 2 がインストールされている場合があるので注意しましょう．この本では，version 3.6 以降の Python を使う前提でソースコードを書いていますので，まず Python が使えるか，また使えるとしてそのバージョンがいくつなのかを確認してみましょう．

確認のためには，ターミナル（Microsoft Windows ではコマンドプロンプト）で，

```
python3 --version
```

のコマンドを入力して，Enter キーを押してください．すると Python のバージョンが

```
Python 3.9.6
```

などと表示されるはずです．このようなバージョンが表示されない場合は Python が使える状態ではないので，別途インストールする必要があります．またバージョンの番号（上の例では 3.9.6）が 2.7 などになっていた場合にも，インストールする必要があります．

Microsoft Windows を使っている人は，Microsoft Store から Python をインストールするとよいでしょう．この本では詳細なインストールの手順は示しません．

各 OS 向けの Python のインストーラを，下記の web サイトからダウンロードできます（このやり方で Windows の PC にインストールする際には，インストーラで "Add Python 3.x to PATH" を on に指定してください）．

https://www.python.org

最近では web 上で Python を実行できる，Google Colaboratory などのサービスもあります．この本の最初のほうのソースコードはそれらでも動かすことはできますが，後半に自分で作ったソースコードを再利用して使うのが少し難しくなると思われるので，お勧めしません．また，anaconda などの統合パッケージを使うと簡単にインストールができるのですが，この本でやることとは無関係なファイルが多数インストールされてしまいます．ディスク容量を消費してしまうため，すでにインストールしてある人以外にはお勧めしません．

1.2.3 ● NumPy のインストール

NumPy ライブラリは，Python での作業を数値計算の面で支援する，関数とデータ構造の集合体です．NumPy をインストールするには，Python のインストールができた後で，ターミナルで次のコマンドを実行します．

```
pip3 install numpy
```

もしすでにインストール済みであれば，上のコマンドを実行すると状況説明が表示されます．また，もし Ubuntu などの Linux で

```
Command 'pip3' not found, but can be installed with:
sudo apt install python3-pip
```

と表示されたなら，指示に従って次のコマンドを実行してからやり直してください．

```
sudo apt install python3-pip
```

1.2.4 ● matplotlib のインストール

計算結果をグラフなどにして見えるようにすると，結果の意味するところを把握しやすくなります．その手間が大変だと億劫になってしまうので，簡単にグラフなどを作れる環境を用意しておくことをお勧めします．

Python でグラフや図形を描けるライブラリは多数あります．この本では matplotlib を使いますので，これもインストールしておきましょう．そのためには，ターミナルで次のコマンドを実行します．

```
pip3 install matplotlib
```

また，グラフを作る専用ツール（アプリケーション）は多数あるので，自分にとって使いやすいものを探してみるとよいでしょう．Microsoft Excel でもグラフを作ることはできますが，データの個数が多くなると使いづらくなります．学術系でよく使われているものとしては，gnuplot[†1] などがあります．

1.2.5 ● テキストエディタの準備

ソースコードを書くためには，大量の文字を含むファイルを編集する必要があります．そのためにワードプロセッサやメモ帳ソフトを用いてもよいのですが，エディタあるいは IDE（統合開発環境）とよばれる，開発のためのソフトウェアを用いることをお勧めします．

エディタや IDE は，プログラム開発において最も使う時間が長いソフトウェアとなりますので，その使い方については少し時間をかけて調べておく価値があります．検索やカーソルの移動のためのキーコマンドを覚えたり，自分の使いやすいようにカスタマイズしたりすると，作業効率を段違いに高められます．またエディタの中から，編集中の Python のプログラムを実行できるようにしておくと，さらに開発効率が上がります．

MacOS では，CotEditor や Sublime Text, BBEdit などのエディタがいくつも公開されています．Unix 系では Emacs, Vim, Pico などが有名です．Microsoft Windows でも，Visual Studio Code や Sakura Editor ほか，多くの無料で使えるエディタが公開されています．もちろん有料の優れたエディタも多数あります．

IDE (integrated development environment) は，ソースコードの編集と実行を一つのアプリケーションの中でできるもので，ソースコードを作成する作業を支援するさまざまな機能をもっています．PyCharm, Eclipse などさまざまな有料・無料のものが入手できます．ただし，IDE の中には多くのディスク容量を要求するものがあるので，インストールの前によく調べてみましょう[†2]．Python をインス

[†1] OS 環境によって記号が変わってしまうので，複数の OS を使う人にはお勧めしにくいのが欠点です．
[†2] たとえば Apple 純正の Xcode という IDE は，多くのディスク容量を使うので，Python だけで使うのであればあまりお勧めできません．

トールするときに，専用の IDE も一緒にインストールされる場合があります．またエディタの中には，IDE に似た機能をもつものがあります．

IDE はそれぞれ操作方法が異なるため，この本では IDE を使わない形で説明しています．

1.3 Python「超」入門

この本では，ソースコードを Python を用いて記述します．Python は幅広く使われているコンピュータ言語であり，アルゴリズムを試したり説明したりするのに適しています．

Python については，さまざまな解説を書籍や web 上の情報で読めるので，ここではごくごく簡単な説明にとどめます．

1.3.1 ● Python について

Python は，Guido van Rossum 氏の開発した汎用のコンピュータ言語です．C 言語に少し似ていますが，変数に型がなく宣言も不要なため，記述がシンプルで読みやすいです．充実したライブラリ（関数やデータ構造の集合）をもち，最近では人工知能や統計・データ解析の分野にもよく用いられます．実行したときの計算速度は C 言語などで書いたものより（かなり）遅いですが，高速化するための Cython などのツールもあります．

公開されているライブラリでは，数値計算や行列計算のための NumPy，科学計算のための SciPy，画像処理のための PIL，グラフを作成するための matplotlib，web アプリケーションを作るための Flask，グラフィックスを簡単に表示するための pyglet などが有名です．これらのライブラリには，非常に高速に動作するものが多いです．

Python そのものと各種ライブラリには，すでに豊富な解説が作られ公開されています．ただし version 2 と 3 で微妙な差があるので，注意が必要です（インターネット上にはまだたまに，version 2.x 向けの記述が見られます．1.2.2 項でも書きましたが，この本では version 3.6 以降の Python で動かすことを前提としたソースコードを示しています）．

ここからは，簡単な Python のソースコードの例を示しながら，Python の概略

を説明していきます．

次のようなソースコードを，ファイル sample1.py に記述したとします．

コード 1.1　sample1.py: a + b の計算

```
1  a = 1.0
2  b = 1.0 + a
3  print("answer is", a + b)
```

1 行目では変数 a に数値 1.0 を代入しています．C 言語だと double a; のように宣言をしなくてはなりませんが，Python では宣言が不要です．そのかわり，値を設定していない変数を使った瞬間にエラーとなります．

2 行目では変数 b に 1.0 + a の計算結果である 2.0 を代入しています．計算式の中で，記号 +, -, (,) などは，通常の数式と同じ扱いになります．かけ算については * で，割り算は / あるいは // で表現します[1]．

3 行目では画面に answer is という文字列と，a + b の式を計算した数値を表示します．print() は画面にデータを表示するためのもので，このように文字列や数値を任意に "," で区切って並べるだけで表示してくれます．

このようなコードを作成したら（ぜひ，自分で作って試してみましょう），ターミナルあるいはコマンドプロンプトのアプリケーションを起動して，sample1.py のあるディレクトリにおいて[2]，

```
python3 sample1.py
```

のコマンドを実行すると，sample1.py に記述したソースコードがコンピュータで実行されます．もし「python3 のコマンドが見つからない」という意味のエラーが表示されたら，python3 の代わりに python として試してみてください．これでも駄目な場合は，1.2.2 項に戻って，Python のインストールの作業で見落としがなかったかを確認してください．

1.3.2 ● データ型

Python にもともと用意されているデータの形式には，文字列 (string)，整数

---

[1] "//" は結果が整数になるように，小数点以下の数値を切り捨てる割り算を行います．
[2] cd コマンドでカレントディレクトリに移動します．この意味がよくわからない場合は，「カレントディレクトリ」で検索してみてください．

(integer)，浮動小数点数 (float) などがあります．また，変数が整数型か実数型かなどという区別はなく，同じ変数に別の種類の値を代入してもエラーになりません．たとえば，

```
1  a = 123
2  a = "abc"
```

としても問題ありません．

また，任意の型のデータを [ ] で囲んだ，リスト (list) 型

```
1  k = [1, 2, "qwe", 3.0]
2  print(k[1])
```

を使うこともできます．

もう一つ，キー (key) とそれに対応するデータ (value) の組を { } で囲んだ，辞書 (dictionary) 型

```
1  d = { "length" : 164.5,  "weight" : 51.2}
2  print(d["weight"])
```

があり，リスト型と辞書型だけでたいていのデータを表現できます．もちろん，リストや辞書には要素の追加・削除ができます．なお，この本では辞書型は使っていません．

1.3.3 ● ライブラリ／モジュールを使う

Python でライブラリを使うには，それなりの準備が必要です．この本では math ライブラリと NumPy ライブラリをおもに使いますが，これらを使えるようにするためには，次のように記述します．

```
1  import math
2  import numpy
```

ここでは math と NumPy のライブラリを，自分のソースコードで使えるようにインポートしています．

こう書いた後で

```
3  c = math.sin(0.1)
```

のようにすると，mathライブラリの関数sin()を使うことができます．

上のソースコードのmathとsinの間に，ピリオド"."があることに注意してください．このピリオドで区切った書き方は，Pythonのあちこちで見られます．この場合は，mathライブラリの中のsin()関数を指定しています．

提供されているもの以外でも，自分で作ったファイルを上のmathのようにインポートして使うことができます．実際の例は後で出てきます．

一つのソースコードのファイルをインポートして使うとき，そのファイルを「モジュール」とよびます．また，すでに何度か出ていますが，インポートするものが複数のファイルから構成されている場合には，「ライブラリ」とよびます．

問題 1.1
上の場合のsin関数の引数の単位は，度(degree)とラジアン(rad)のどちらになっているでしょうか．どのような例を実行すれば確認できるかを考えて実行しなさい．

Column エラーが出たときに

ソースコードにプログラム言語の文法や規則に合わない箇所がある場合，これを「エラー」あるいは「コンパイルエラー」とよびます．エラーのあるPythonのソースコードを実行すると，なんらかの表示（エラーメッセージ）が表示されます．

英語で表示されているため読み飛ばす人がいますが，これはたいていの場合，貴重な情報源です．たとえば先ほどのソースコードを

```
1  import mat
2  import numpy
3  c = math.sin(0.1)
```

と書き間違えたまま実行すると，

```
Traceback (most recent call last):
  File "sample1.py", line 1, in <module>
    import mat
ModuleNotFoundError: No module named 'mat'
```

のようなエラーメッセージが表示されます（Pythonのバージョンが3.10.0の場合です．またメッセージの一部を修正しています）．

"Traceback"などの難解そうな用語を無視して意味を拾っていくと，ソースコードの1行目の"import mat"について言及されていることと，"mat"というモジュールがないことが指摘

されているとわかります．この場合は，ソースコードの 1 行目を "import math" とすれば，エラーは解消されます．

　コンピュータに叱られているように思えるためか，エラーが出るのをひどく怖がる人がいます．けれども相手は機械であり，むしろ助けを求めてこのようなメッセージを出しています．エラーを恐れず，その意味を読み取るようにしてみましょう．

1.3.4 関数

前項では math ライブラリ内にすでにある関数を使いましたが，自作の関数を定義する場合には，予約語 def を使います．たとえば引数の自乗を値とする関数は

```
1  def square(x):
2      return x * x
```

と定義します．

　def 文の末尾にはコロン ":" があります．また def 文で定義される関数の中身は，段（インデント）を下げて表現します．Python では文の構造を示すために，{ } のような括弧ではなく，このようにインデントを使います．この本ではインデントを空白四つに統一しています．

　上で定義した関数は

```
1  d = square(9.0)
```

のように使うことができます．

　もっと複雑な文を関数の中身とすることもできます．また，上の例では引数 x が浮動小数点数であっても整数であっても，問題なく処理されます．

1.3.5 条件分岐

　if 文を使うと，条件に応じて処理を変えられます．if 文は，たとえば

```
1  b = 5
2  if b < 10 :
3      print("b is less than 10.")
4  else :
5      print("b is not less than 10.")
6
7  print("end")
```

のように使われます．関数の場合と同様に，コロン ":" の次の行は 1 段下げて，if 文あるいは else 節の有効範囲を示しています．

　2 行目の b < 10 は，「変数 b が 10 より小さければ」という条件を表現する式です．この条件が成立したなら 3 行目を実行することを意味しています．4 行目は，2 行目の条件が成立しなかったときの処理の始まりを意味しています．6 行目ではインデントがもとに戻っているので，5 行目までで if-else の構文が終わっていることがわかります．

　else: 以下を略すこともできます．その場合，if 文の条件に合わなければ，何も実行しません．また，インデントを下げたところに複数の文を書くこともできます．

```
1  if b < 10 :
2      print("b is less")
3      print("than 10.")
```

　elif... という書き方もあります．これは else if .... を略したものです．変数 a の値に応じて表示を変えたい場合の例を示すと，

```
1  if a == 1:
2      print("one")
3  elif a == 2:
4      print("two")
5  elif a == 3:
6      print("three")
7  else:
8      print("large")
```

と書けます．上の例では，one, two, three, large のどれかが表示されます．条件式の表現 a == 1 は，a と 1 が等しい場合に成立することを意味しています．

1.3.6 ● 繰り返し

　繰り返しの計算には for 文を使います．整数 i を 0 から 9 まで変化させて表示する場合，Python では range() 関数を使って

```
1  for i in range(10):
2      print(i)
```

のように書けます．ここでも，コロン":"とインデントによって，forで繰り返される範囲が示されています．

range()は整数のリストを作る関数で，range(10)は$[0,\ldots,9]$のようなリストを生み出します（range()の引数は9ではなく10であることに注意してください）．上のfor文では，このリストの要素が順に変数iに代入されて繰り返しが行われます．

for文の中身に，もう少し複雑な文を書くこともできます．たとえば，

```
1  for i in range(10):
2      if i % 3 == 0:
3          print(i, "!!")
4      else:
5          print(i)
```

などです．これは0から9までの整数を表示し，それが3で割り切れたときだけ数字の直後に"!!"を追加する，という動作をします．演算子%は，整数計算のあまり（剰余）を計算するものです．

1.3.7 ● 書式つき出力

ここまで，値を表示するためにprint関数を使ってきましたが，浮動小数点を表示すると，やたらと長い数値が表示されていたと思います．もう少し見やすくするために，全体の文字数と有効桁を指定してみましょう．

Pythonの中でもいろいろなやり方があるのですが，version 3.6から導入された「f文字列」が一番わかりやすそうなので，それで説明します．

新しいソースコードのファイルを

```
1  x = 1.0 / 3.0
2  print("answer ", x)
```

と作成して，これを実行する場合を考えましょう．このとき，出力は

```
answer  0.3333333333333333
```

となります．

ここで，上のコードを書き換えて

```
1  x = 1.0 / 3.0
2  print(f"answer {x:.2f}")
```

とすると，

```
answer 0.33
```

と表示させることができます．print 関数の中の文字列の前に f の文字が付いていることに注目してください．また，その文字列には x:.2f という表現が含まれています．これは，変数 x を小数点以下 2 桁までの書式で表記することを指示しています．このように文字列の中に，変数とその書式とをセットで指定することで，希望する桁数を表示できるようになります．

このソースコードの x:.2f を，x:.2e のように変更すると，

```
answer 3.33e-01
```

のような書式で表示されます．

1.3.8 ● タプル

Python では任意の個数の任意の種類の変数をまとめて，一つの「組」として扱えます．これをタプル (tuple) とよびます．以下の例を見てみましょう．

```
1  a = (10.9, 3, "string")
```

このコードは，10.9 という実数，3 という整数，string という文字列の三つを一つの変数 a に代入しています．このように，() で囲まれたデータの組をタプルとよびます．タプルの要素には 0 から始まる番号（インデックス，index）が割り振られ，代入された変数に続く [ ] の中の整数で指定されます．上の例では，a[0] は 10.9，a[1] は 3，a[2] は string となります．

タプルは関数の結果としても使えます．つまりタプルを使うと，複数のデータを組にしたものを，まとめて関数の値にできます．たとえば

```
1  def tupple_back():
2      return ("abc", 123)
3
4  result = tupple_back()
5  result1, result2 = tupple_back()
```

と，1, 2 行目で関数を定義しておいて 4 行目でその関数を実行すると，文字列 abc と整数 123 とのタプルを変数 result で受け取ることができます．あるいは 5 行目のように，それぞれの変数でタプルの中身を受け取ることもできます．上の例では変数 result1 には文字列 abc が，変数 result2 には整数 123 が，それぞれ代入されます．

もし変数 result2 を使わないなら，特殊な変数 "_" に代入することで，その要素を使わないことを示します．

```
1  result1, _ = tupple_back()
```

1.3.9 ● 配列とリスト

数値計算では数値の集まりによってデータを表現するために，配列 (array) あるいはリスト (list) とよばれるもの† がしばしば使われます．ここで，Python で NumPy を使う際の配列について，簡単に説明しておきます．

10 個の値を入れる配列 F を NumPy ライブラリを使って作るためには，たとえば

```
1  import numpy
2  F = numpy.zeros(10)   # make an array
```

のようにします．

このソースコードの 1 行目では，NumPy ライブラリを読み込むよう指示しています．2 行目では NumPy の関数 zeros を使って，配列を作成しています．

また 2 行目には，注釈（コメント）がついています（青文字の部分）．Python では記号 # から行末まではコメントとなり，プログラムに影響をおよぼしません．ソースコードを入力する際には，コメントの部分は省いて構いません．

さて，配列の中にあるデータの値を使うには，（タプルと同様に）F[2] のように角括弧と番号（インデックス）を使って指定します．

上の例では，NumPy の関数 zeros() のはたらきによって，配列 F の各要素にはすべて 0.0 の値が代入されます．この後で

---

† 一般には，配列は同じ種類のデータが並べられたもので，リストは異種のデータを並べられるもの，と区別されています．

```
1  print(F[2])
```

とすれば，要素 F[2] の値である 0.0 が表示されます．

今回のようにとくに指定しない場合には，zeros() は浮動小数点実数の配列を作ります．整数の配列を作るには numpy.zeros(10,int) とします．

ほかの例として，配列 F のすべての要素にインデックスと同じ値の実数を代入し，それを表示する配列を作る場合を考えます．このソースコードは以下のようになります．

コード 1.2　train01.py: 配列 0〜9 の表示
```
1  import numpy
2  F = numpy.zeros(10)
3
4  for k in range(10):
5      F[k] = float(k)
6
7  print(F)
```

このソースコードの 4 行目の range(10) 関数は，0 から 9 までの 10 個の整数を順に生成します．インデントされている 5 行目では，変数 k が増えるたびに実行され，整数 k を float() 関数で実数に変更した値が F[k] に代入されます．

上記のソースコードをファイル train01.py にエディタ等で作り，

```
python3 train01.py
```

と実行すると

```
[0. 1. 2. 3. 4. 5. 6. 7. 8. 9.]
```

という結果を得ることができます．理解のために，実際に手を動かして上のソースコードを作成し，実行してみることを勧めます．

ところで，上のコードを修正して F[10] まで表示させようとすると，エラーになるはずです．Python では実行しながらインデックスの範囲をチェックしているからです．実際にソースコードを修正して，わざとエラーを起こしてみましょう（ヒント：4 行目の range(10) を変更するのが一つのやり方です．）．

1.3.10 ● enumerate() 関数

リスト（配列）を操作するとき，インデックスとその要素とを同時に扱うことがよくあります．たとえば変数 ar10 に，

```
1  ar10 = [1, 0, 3, 2, 6, 5, 4, 7, 8, 9]
```

のように，10 個の整数が配列として入っているものとします．この配列のインデックスと要素を同時に表示するには

```
1  for i in range(10):
2      print(i, ar10[i])
```

と書くことができます．しかし，range(10) のようにリストの長さをいちいち書くのは面倒ですし，一般性がありません．

このようなときには enumerate() 関数を使います．これは，リストのインデックスとその中身をタプルにして順に返す関数で，for 文と組み合わせて使います．たとえば

```
1  for i, ai in enumerate(ar10):
2      print(i, ai)
```

とすれば，先ほどのソースコードと同じ効果を得られます．変数 i にはインデックスが，変数 ai には ar10[i] の値のコピーが，それぞれ設定されます．

別の例として，インデックスと同じ値を配列に代入する例を示します．

コード 1.3　train02.py: enumerate() の使い方

```
1  import numpy
2  F = numpy.zeros(10)
3
4  for k, fa in enumerate(F):
5      F[k] = float(k)
6      # fa = float(k)
7
8  print(F)
```

変数 fa はコピーなので，6 行目のようにしても F[k] 自体は変化しません．

上の例では fa を直接使っていないので，enumerate() を使う利点が感じられないかもしれません．ですが，配列の個数を使わずに直接にインデックスと要素を得

ることができて便利であるため，この手法はこれから多用します．

　ここまで見てきたように，Pythonでは変数の宣言が必要ないうえに省略した記述ができ，ソースコードを短くできることが多いです．短ければミスを発見しやすいし，そもそもミスをする可能性も減ることが期待できます．

　ここまでのソースコードを読んで，その動作がよくわからない場合は，先を読み進める前にPythonの入門書などで構文を確認するとよいでしょう．webサイトでも解説を見つけられます．

本章のまとめ

- Pythonのソースコードを実行できる環境を整えました．
- Pythonの簡単なソースコードを作って，実行してみました．
- Pythonの基礎的な文法を学びました．

第 2 章
有限差分法

これから流れをシミュレートするプログラムを作っていきます．流れは，いくつかの偏微分方程式 (partical differential equation) で表される運動方程式に従っているので，それらの運動方程式を解けば流れをシミュレートできたことになります．

数値計算によって偏微分方程式を解くための手段はいくつもあります．よく用いられる手段の一つに，解きたい変数を式の展開の形に表して，その式の係数を求めるやり方があります．たとえば，変数 p を $p(x) = k_1 \sin(x) + k_2 \sin(2x) + k_3$ と仮定して解きたい偏微分方程式へ代入し，係数 k_1, k_2, k_3 の間に成り立つ方程式を求めます．そして，その方程式を解いて係数を得れば，p が決まります．このやり方では，よい解の形を見つけられれば計算を非常に簡単に済ませることができます．フーリエ関数展開や指数関数による展開式がよく用いられ，物理のいくつかの分野では成功しています．

しかし，一般の流れ問題ではこのような解の形を見出すことは非常に難しいので，ここでは解の形を仮定しない解き方の一つである，有限差分法 (finite difference method) とよばれている方法を用いることにします．

2.1　離散化

2.1.1 ● 変数の離散化

有限差分法を説明する前に，変数あるいはデータの離散化について説明します．例として，位置座標 x だけで値が決まるような物理量 f があるとして，これを $f(x)$ と表すことにします．

実際の物理量あるいは変数 $f(x)$ は，図 2.1(a) のように連続的に分布していますが，これを図 (b) のように，x 軸上の長さ Δx ごとの場所 x_i での値 F_i $(i = 0, 1, ...)$

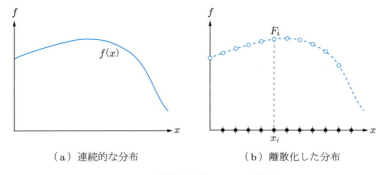

（a）連続的な分布　　　　　　（b）離散化した分布

図 2.1　連続的な変数 $f(x)$ の離散化

の集合として近似表現します．このように「とびとび」の場所で定義された値で物理量（変数）を表現することを「変数を離散化する」あるいは「データを離散化する」とよびます．

物理量 F_i を定義している場所は，図 (b) の x 軸上の黒丸の位置であり，これらを**格子点**あるいは**ノード** (node) とよびます．これらのノードは規則正しく並ぶことが多く，2 次元や 3 次元の計算で点を結ぶと，格子 (grid, lattice) や結び目 (node) のように見えることから，このような名前になっています．以後では，計算値を求める位置のことを「ノード」と表現します．

隣り合うノードの間の距離 Δx は一定であるとすれば，ノードの位置は簡単な式で表せます．

$$x_i = i\,\Delta x \quad (i = 0, 1, ...)$$

y 方向，z 方向にも，それぞれ添字 j, k を用いて

$$y_j = j\,\Delta y, \quad z_k = k\,\Delta z$$

のような関係を決めることができます．

3 次元計算の場合には，(i, j, k) の三つの整数の組によって一つのノードが指定されます．そのノードの位置は (x_i, y_j, z_k) となります．

2.1.2 ● 変数の離散化における注意点

変数やデータを離散化する際には，表現の限界があることに注意する必要があります．具体的には空間方向のノード間隔 Δx や時間方向の間隔 Δt が有限値であるため，現象を表現しきれなくなることがあります．

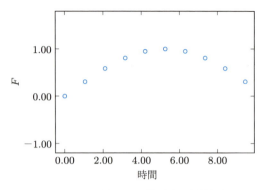

図 2.2 エイリアシングの例：計測結果

その例の一つとして，「エイリアシング」とよばれる現象を示します．図 2.2 で，横軸は時間で，縦軸は変数 F の計測結果であるとします．この図のようなデータを見たら，誰もが周期 10 以上のゆるやかな変化が生じていると思うでしょう．

ですが実際には，図 2.3 に示すような，周期 1 程度で値が振動する現象である可能性があります．F の変化の周期に近い計測間隔で測定したとき，図の白丸のように，現実とは異なる印象をもたせるようなデータが得られてしまいます（図 2.2 は，実際の現象の周期の 1.05 倍の間隔で計測した結果でした）．現実を反映した測定を行うためには，もっと短い Δt が必要だったのです．

これは測定の例だったので，計測間隔を変えても実際の現象に影響はありませんが，シミュレーションの場合には結果そのものが変わってしまいます．実験でも計算でも，データを正しく離散化するためには，実現象を再現できる適切な Δt あるいは Δx で測定や計算を行う必要があるのです．

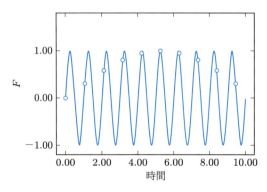

図 2.3 エイリアシングの例：実際に起こっている現象

2.1.3 ● 離散データ作成の練習

練習として，sin 関数 $\sin(x)$ を離散的なデータにしたものを作ってみましょう．ここでも実際に手を動かしてみることを強く勧めます．

ソースコードを下に示します．

コード 2.1　sin.py: sin 関数の計算

```
1  import math
2  import numpy as np
3
4  nmax = 20
5  f = np.zeros(nmax)
6  dx = 1.0 / (nmax - 1)
7
8  print("### x    sinx")
9  for n in range(nmax):
10     x = dx * n
11     f[n] = math.sin(x)
12     print(x, f[n])
```

1 行目は，数学関数（今回の場合 sin 関数）を使うために，math ライブラリを読み込んでいます．

2 行目は，前の例にもあった NumPy を読み込みますが，短縮した名前 np として使うことを宣言しています．

4 行目では，変数 nmax に，20 という整数を代入しています．これはノードの個数として使います．

5 行目では，nmax 個のノードのそれぞれにおける値を入れるための配列 f を作成しています．

6 行目では，隣り合うノードの間の距離を変数 dx に代入しています．今回は $x=0$ から 1.0 までの範囲を計算させることにしますが，$x=0$ と $x=1.0$ の位置にもノードをおきたいので，dx は 1.0 を (nmax-1) で割った値としています．

8 行目は，これから出力する数値の意味を，文字列として画面に表示させています．

9 行目は，すべてのノードについて処理を行うための for 文です．インデントされて記述されている 10 行目から 12 行目までが，この for 文において順に実行されます．10 行目で x 方向の位置を計算し，11 行目で $\sin(x)$ を計算して配列のインデックス n の要素 f[n] に代入しています．

12 行目で x と $\sin(x)$ を表示します[†]．

上のリストをファイル名 sin.py として作成し保存しておいて，ターミナルを起動し，sin.py が保存されているフォルダ（あるいはディレクトリ）に cd コマンドで移動してから，

```
python3 sin.py
```

のコマンドを実行すれば，離散化したデータが得られます．ぜひ自分の手でこのプログラムファイルを作成して，実行してみましょう．またいくつかの値について計算結果が正しいかどうか，電卓などで確認してみましょう．

合わせて，出力された結果をグラフに描画する方法も説明します．そのためには，まず

```
python3 sin.py > sin.dat
```

として結果をファイル sin.dat に書き込みます．print 関数で画面に表示していた内容をそのままファイルに記録する，このような使い方を「リダイレクト」とよびます．

このようにして作成したファイル sin.dat は，中身は文字（テキスト）であるので，エディタなどで開いてコピーしてから Excel に貼り付ければ，簡単にグラフにできます．また gnuplot などのグラフ作成ソフトを使えば，より簡単に綺麗なグラフを生成できます．

図 2.4 の白丸は，gnuplot で sin.dat をグラフにしてみた例です．$\sin(x)$ の値を実線で重ねていて，（ほぼ）正しく計算できていることがわかります．

いちいちファイルを作ってからグラフ作成ソフトを動かすのが面倒な場合には，Python から直接グラフを作ることもできます．その例を以下に示します．ファイル名を sin2.py として，このソースコードを実際に作ってみましょう．データの作り方も変えてみましょう．

[†] すでに気づいた人がいるかもしれませんが，実は今回の例では配列を使う必要がありません．練習のために無理やり使っています．

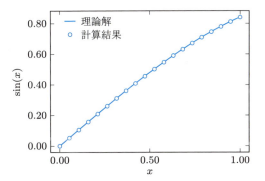

図 2.4　sin 関数の計算結果と理論解の比較

コード 2.2　sin2.py: sin 関数のグラフ化

```
1  import numpy as np        # use numpy library as np
2  import pylab as plt       # in matplotlib
3
4  xx = np.linspace(0.0, 1.0, 20)
5  yy = np.sin(xx)
6
7  plt.plot(xx, yy)
8  plt.show()
```

2 行目で，matplotlib の一部である pylab ライブラリを読み込みます．これは省略して plt として使います．

4 行目は，NumPy の linspace 関数を使って，ノードの x 座標の配列を生成しています．この 1 行で，0 から 1 までの範囲に等間隔に 20 個の数値が作られて，配列の変数 xx に代入されます．

5 行目は，math.sin() ではなく np.sin() になっていることに注意してください．この np.sin 関数は，配列のそれぞれの要素について sin() を計算した結果をもつ配列を作ります．つまり

```
yy = np.zeros(20)
for i,x in enumerate(xx):
    yy[i] = math.sin(x)
```

と同じことを，この 1 行で実行しています．

7 行目で横軸を xx，縦軸を yy とするグラフを生成し，8 行目ではそれを表示します．

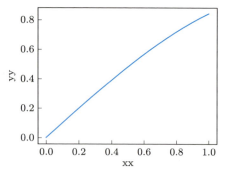

図 2.5　matplotlib で表示したグラフ

このソースコードを実際に実行して，グラフを見てみましょう．OS によって見た目は変わりますが，図 2.5 のような表示が見えるはずです．このウィンドウを閉じれば，sin2.py が終了します．

2.2　有限差分法

2.2.1 ● 離散化による一階微分の近似

偏微分方程式を解くことに話を戻します．

データを離散化して F_i の形にしたとしても，実際には離散化された F_i の値はまだわかっていません．値は，支配方程式（多くの場合は偏微分方程式）を解かないと決定されません．

しかし，F_i の値がわかったものと仮定すると，その値を用いて位置 x_i の周辺における偏微分 $\partial f/\partial x, \partial f^2/\partial x^2$ などを表現できます．その表現は F_i などの「差」の式となることから，離散化した値を用いて微分を近似した式を「**有限差分** (finite difference)」とよびます．このことを，「有限差分近似によって式を離散化する」と表現することもあります．

有限差分近似の方法を具体的に見ていきましょう．一階微分については，たとえば

$$\frac{\partial f}{\partial x} \approx \frac{F_{i+1} - F_{i-1}}{2\Delta x} \tag{2.1}$$

のように表せます．この式は図 2.6 でもわかるように，x_i について対称な形をとっています．差をとっている 2 か所のちょうど中間の位置が，その差によって表され

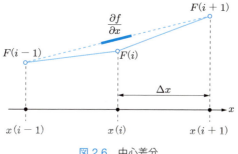

図 2.6 中心差分

る偏微分値を代表する場所になると考えれば，この式はちょうど x_i の場所における変数 f の x 方向の傾きを示す近似式といえます．上の式 (2.1) は，本来の微分値 $\partial f/\partial x$ に対して $(\Delta x)^3$ 程度の大きさの誤差をもっており[†]，「中心差分 (central difference)」とよばれています．

一方，同じ一階微分で

$$\frac{\partial f}{\partial x} \approx \frac{F_{i+1} - F_i}{\Delta x} \tag{2.2}$$

のような近似式も成立します．これは図 2.7 のように，$x_i + (1/2)\Delta x$ における微分値の近似と考えられます．このような非対称な差分式は「片側差分」とよばれます．また，$x_i - (1/2)\Delta x$ における片側差分式として

$$\frac{\partial f}{\partial x} \approx \frac{F_i - F_{i-1}}{\Delta x} \tag{2.3}$$

も成立します．

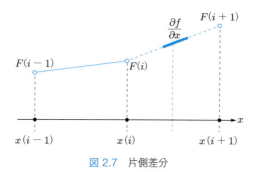

図 2.7 片側差分

[†] これを離散化誤差とよびます．

2.2.2 ● 離散化による二階微分の近似

次に，二階微分 $\partial^2 f/\partial x^2$ について考えましょう．二階微分は一階微分 $\partial f/\partial x$ をもう一度微分したものなので，一階の差分式をさらにもう一度差分近似すれば，二階の差分近似式を得ることができます．

位置 x_i における二階差分は，$x_i + (1/2)\Delta x$ における一階差分の値（式 (2.2)）と，$x_i - (1/2)\Delta x$ における一階差分の値（式 (2.3)）との差分をとって

$$\frac{\partial^2 f}{\partial x^2} \approx \frac{1}{\Delta x}\left(\left.\frac{\partial f}{\partial x}\right|_{i+\frac{1}{2}\Delta x} - \left.\frac{\partial f}{\partial x}\right|_{i-\frac{1}{2}\Delta x}\right) \approx \frac{1}{\Delta x}\left(\frac{F_{i+1} - F_i}{\Delta x} - \frac{F_i - F_{i-1}}{\Delta x}\right)$$

整理して

$$\frac{\partial^2 f}{\partial x^2} \approx \frac{F_{i+1} - 2F_i + F_{i-1}}{\Delta x^2} \tag{2.4}$$

と計算できます．この計算は図 2.8 の上側の図のように，まず隣り合うノードの中間の位置での一階差分を求め，次に下側の図のように，それらの差分値のさらに差分を求めたことに相当します．

もちろん上記以外の差分近似のやり方もあり，どれを用いるかは自由です．一般

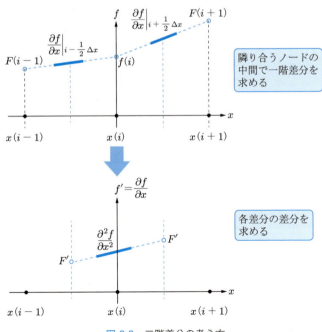

図 2.8　二階差分の考え方

的には，もとの方程式が導出された原理や計算位置に合わせて差分方法を選ぶのがよいとされています．具体的な例は，後の風上差分法の説明の中で示します．

2.2.3 ● 有限差分法の実際

このような離散化をして有限差分近似を行うと，もとの偏微分方程式を以下のような連立方程式の形にまとめられます．

$$aF_i + bF_{i-1} + cF_{i+1} + dg_i + e = 0 \quad (i = 1, 2, \ldots)$$

連立方程式を解く方法（アルゴリズム）は確立されているので，それらを使えば F_i の値を求められます．非線形方程式では，上の式の係数の中に F_i 自身が含まれてしまう場合がありますが，得られた F_i を用いて係数を計算しなおすことを繰り返すと，解を得られます．

上記のように方程式を離散化して解を求める手法は，「有限差分法 (finite difference method)」とよばれています．有限差分の方法はかなり確立されており，機械的な置き換えで差分近似した方程式（離散化方程式）を得ることができます．

2.2.4 ● 数値差分とその表示

ここで，実際に有限差分の計算を Python で行ってみましょう．

前の節で $\sin(x)$ のデータを作りましたが，ノードを 128 個に増やして配列 f にその値を入れます．次に有限差分法の関数 dfdx() を使って，微分の近似値を配列 result に計算します．

このような作業を行うソースコード sindiff.py の例は，下のようになります．比較的単純なソースコードですが，いくつか間違いやすい点があるので油断しないでください．まずは解説なしで下のソースコードを読んでみましょう．外国語の習得と同じように，プログラミング言語の習得においても reading のトレーニングは非常に重要です．

コード 2.3　sindiff.py: 有限差分の計算

```
1  import numpy as np
2
3
4  def dfdx(f, n, dx):      # definition of a function
5      coef = 0.5 / dx
6      return (f[n + 1] - f[n - 1]) * coef    # central difference
```

```python
7
8
9   nmax = 128
10  xx = np.linspace(0.0, 1.0, nmax)
11  f = np.sin(xx)
12  result = np.zeros(nmax)
13  dx = 1.0 / (nmax - 1)
14
15  for n in range(1, nmax - 1):       # a loop to calculate differential
16      result[n] = dfdx(f, n, dx)
17
18  # output the result
19  print("### x    dfdx")
20  for n, fa in enumerate(result):
21      print(f"{xx[n]:.4f} {fa:.5e}")
```

　計算には中心差分式 (2.1) を用いますが，n が 0 と nmax-1 のノードでは端の値が存在しないため，計算ができません．このため 15 行目の for 文の n は，1 から nmax-2 まで変化させています．このように，配列の端においては特別な扱いや注意が必要になることが多いです．試しに 15 行目の range(1, nmax-1) のところを range(nmax) に変更して実行し，何が起こるかを確かめてみると面白いでしょう．

　21 行目は，前に説明した書式つきの出力としています．

　また，最初に f をすべて計算してから，15 行目のループで微分値を配列 result に代入している点にも注目してください．

　もし一つの for ループの中で両方の計算をしてしまおうとして，

```
for n in range(nmax):
    f[n] = math.sin(dx * n)
    result[n] = dfdx(f, n, dx)
```

のように書いたとすると，n 番目の計算のときに関数 dfdx() の中で（まだ設定していない）f[n + 1] の値を使ってしまい，正しい結果を得ることができなくなります．

　このプログラムを実行するためには，前の例と同様に，ターミナルで

```
python3 sindiff.py
```

とします．

　数値がターミナルに表示されるのを確認したら，前の練習と同様にファイルに保

存し，グラフを描いてみましょう．

```
python3 sindiff.py > sindiff.dat
```

として結果をファイル sindiff.dat に書き込み，これをグラフにします．結果として，図 2.9 のようなグラフを得られるはずです．これに理論解である $\cos(x)$ を重ねて比較してみてください（演習問題 2.1 参照）．

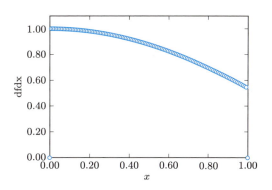

図 2.9　sindiff による有限差分法の計算例

問題 2.1

(1) 図 2.9 のグラフに，理論解である $\cos(x)$ を重ねて表示させなさい．
(2) グラフで見る限り，計算結果と理論解は一致しているように見えますが，厳密には異なっているかもしれません．計算誤差を計算し，それをグラフに表示できるように sindiff.py を改良しなさい．

2.3 ヤコビ法による求解

2.3.1 ● ヤコビ法

　有限差分法で離散化した方程式の解を得るための方法として，ヤコビ法があります．このヤコビ法による連立 1 次方程式の求解法をプログラムにしてみましょう．このソースコードは，後で何度も使うことになります．

　ヤコビ法は，配列 f_i についての連立 1 次方程式（ただし $i = 0,...,n-1$）

$$\sum_{j=0}^{n-1} A_{ij} f_i = b_i \tag{2.5}$$

を解くために，

$$f_i^{(k)} = \frac{1}{A_{ii}} \left(b_i - \sum_{j \neq i}^{n-1} A_{ij} f_j^{(k-1)} \right) \tag{2.6}$$

の繰り返し計算を行うやり方です．上添え字の k が繰り返し (iteration) の回数です．

式 (2.6) で，総和 $\sum$ をとる所にある記号 $j \neq i$ は，添字 j を 0 から $n-1$ まで変化させる際に，$i = j$ のときは加算しないことを意味しています．

ここで，$k-1$ 回目の計算値 $f_i^{(k-1)}$ からの修正量 Δf_i を

$$f_i^{(k)} = f_i^{(k-1)} + \Delta f_i \tag{2.7}$$

と定義すると，式 (2.6) から

$$\Delta f_i + f_i^{(k-1)} = \frac{1}{A_{ii}} \left(b_i - \sum_{j \neq i}^{n-1} A_{ij} f_j^{(k-1)} \right)$$

となり，これを整理して

$$\Delta f_i = \frac{1}{A_{ii}} \left(b_i - \sum_{j \neq i}^{n-1} A_{ij} f_j^{(k-1)} - A_{ii} f_i^{(k-1)} \right)$$

まとめて

$$\Delta f_i = \frac{1}{A_{ii}} \left(b_i - \sum_{j=0}^{n-1} A_{ij} f_j^{(k-1)} \right)$$

と書けます．今度の $\sum$ は，すべての j について加算します．

それぞれの i において

$$r_i \equiv b_i - \sum_{j=0}^{n-1} A_{ij} f_j^{(k)}$$

と定義すれば，

$$\Delta f_i = \frac{1}{A_{ii}} r_i \tag{2.8}$$

とも書けます．

さて，近似解 $f_i^{(k)}$ が正しい解に近ければ，r_i はほぼ 0 になるはずです．連立方程式全体での残差 (residual) を，r_i の絶対値の和

$$r = \sum_{i=0}^{n-1} |r_i| \tag{2.9}$$

として求め，これが 0 であればすべての連立方程式が満たされたことになります．ヤコビ法では，式 (2.7), (2.8) の計算を繰り返し，残差 r があらかじめ指定した値を下回れば，収束 (converge) したとみなして繰り返しを停止します[†1]．

ヤコビ法は，n が大きい場合の収束が遅いため，実用計算に使われることはあまりありませんが，n が小さい場合なら問題なく使えます．ソースコードも簡潔なもので済むという利点があります．

2.3.2 ● ヤコビ法の収束条件

ヤコビ法が収束するための条件は，解きたい方程式でどの i においても

$$\sum_{i \neq j}^{n-1} |A_{ij}| < |A_{ii}| \tag{2.10}$$

が成立することです．なお，この条件が満たされていなくても，運よく収束することもありえます．

2.3.3 ● 正規化したヤコビ法

式の係数の中に，大きさが著しく異なるものが混じっている場合[†2]，ヤコビ法のような反復計算では精度が落ちることがあります．これを避けるための手段の一つに，方程式 (2.5) の係数の対角成分 A_{ii} が 1 になるように方程式を修正してから解く手法があります．これは正規化 (normalization) とよばれます．数学的には正規化してもしなくても得られる解は同じはずですが，実際の計算では有限の精度での計算で，かつ，有限の繰り返し回で計算を打ち切っているため，差が生じます．これは数値計算ではしばしば見られることです．

式 (2.5) を正規化した方程式は

[†1] 残差の値がほとんど変動しなくなった場合にも計算を終了すべきですが，ここでは省きます．また絶対値の和ではなく，r_i^2 の和や $|r_i|$ の最大値を残差とすることもあります．
[†2] 有限差分法で $1/\Delta x^2$ のような大きな係数がかかった変数の方程式を解いているときに，一部のノードでは係数が 1 程度の内挿式を使うような場合など．

$$\sum_{j=0}^{n-1} \frac{A_{ij} f_i}{A_{ii}} = \frac{b_i}{A_{ii}}$$

となります．対角成分 A_{ii} が 0 の場合は，そもそもヤコビ法では解けない（収束条件を満たさない）ので，両辺を A_{ii} で割っても問題ありません．

そこで，

$$D_{ij} \equiv \frac{A_{ij}}{A_{ii}}, \quad c_i \equiv \frac{b_i}{A_{ii}}$$

とすると，上の式は

$$\sum_{j=0}^{n-1} D_{ij} f_i = c_i$$

となります．このように正規化した式を解くヤコビ法では，

$$\Delta f_i = c_i - \sum_j D_{ij} f_j^{(k-1)}$$

および

$$f_i^{(k)} = f_i^{(k-1)} + \Delta f_i$$

を繰り返します．正規化しておくことで，繰り返す計算式も簡単になりました．

2.3.4 ● 実装と検証

例として，変数 a, b, c についての連立 1 次方程式

$$\begin{cases} 4a + 0.8b + 2c = 1 \\ 0.4a + b + 0.6c = 0.5 \\ 0.5a + 3.5b + 5c = 4 \end{cases}$$

を解いてみます†．この程度なら手計算でも解けますし，あるいは得られた解を直接方程式に代入して確認することもできます．関数が正しい値を求めているかどうかチェックを行うことは，とても重要です．

解きたい方程式を行列の式の形にまとめると

$$\begin{bmatrix} 4 & 0.8 & 2 \\ 0.4 & 1 & 0.6 \\ 0.5 & 3.5 & 5 \end{bmatrix} \begin{bmatrix} a \\ b \\ c \end{bmatrix} = \begin{bmatrix} 1 \\ 0.5 \\ 4 \end{bmatrix}$$

---

† この例が，上で示したヤコビ法の条件式 (2.10) を満たしていることを確認してみてください．

2.3 ヤコビ法による求解

となります．左辺の 3×3 行列が上の説明の行列 A_{ij} に相当します．

次に，これを正規化して

$$\begin{bmatrix} 1 & 0.8/4 & 2/4 \\ 0.4 & 1 & 0.6 \\ 0.5/5 & 3.5/5 & 1 \end{bmatrix} \begin{bmatrix} a \\ b \\ c \end{bmatrix} = \begin{bmatrix} 1/4 \\ 0.5 \\ 4/5 \end{bmatrix}$$

としたうえで，計算するソースコードを作りましょう．

次に示すソースコードの前半は，一般的に使える solve() 関数を定義しています．この関数は，ほかのソースコードにおいても，ファイル名（モジュール名）を付けて jacobi.solve() のように使えます．関数の名前に jacobi と付いていなくても，モジュール名から識別できます．このように，少しだけ手間をかけて機能を関数の形にまとめておくと，それを積み上げていくことで大きなアプリケーションを作ることが容易になります．

まずは前半部分を Part1 として示します．例によって，解説の部分を読む前に，自分でソースコードをよく読んでみることを勧めます．

コード 2.4　jacobi.py: ヤコビ法による求解 (Part1)

```python
# @ Part1
import numpy as np


def solve(calc_func, f, rhs, max_iteration, residual_limit, monitor=1000):
    nmax = len(f)

    df = np.zeros(nmax)
    for iteration in range(max_iteration):
        calc_func(df, f)
        df = rhs - df
        f += df
        np.fabs(df, df)
        residual = np.sum(df)

        if residual < residual_limit:
            return (iteration, residual)

        if monitor > 0 and iteration % monitor == 0:
            print(f"    solving {iteration:6d} {residual:.3e}")

    print("Warning. Jacobi was not converged.")
    return (iteration, residual)          # return a tuple
```

ヤコビ法の関数 solve() は，先に説明した式のとおりの手順で処理を進めています．

5 行目は関数 solve() の定義部分の冒頭です．この関数の引数として，calc_func, f, rhs などを設定しています．このように，問題によって変わる条件を，引数として solve() に渡すことにより，さまざまな問題において solve() を使えます．5 行目の最後の引数 monitor は指定を省略できる引数で，省略されたときには，定義されている 1000 の値が使われます．

11 行目の

```
        df = rhs - df
```

という 1 行のソースコードは

```
        for i in range(len(rhs)):
            df[i] = rhs[i] - df[i]
```

というソースコードと等価です．

また 13 行目の

```
np.fabs(df,df)
```

の記述は，すべての n について

```
df[n]= math.fabs(df[n])
```

を実行するのと等価です．つまり，配列 df のすべての要素を，絶対値をとった値で置き換えています．同様に，14 行目の np.sum(df) では，配列 df のすべての要素の和を求めています．このように，NumPy の機能や関数を使うことにより，プログラムが簡潔に書けてミスの可能性を減らせたり，実行速度も速くできたりする，という利点があります．

jacobi.py の後半は，上の例題を解くための設定です．Part2 にソースコードの続きを示します．行番号が飛んでいるところは，改行だけの行（空白行）と考えてください．

コード 2.4　jacobi.py (Part2)

```python
# @ Part2
if __name__ == '__main__':

    def calc_df(df, f):
        # Calculate df = D(f)
        nmax = len(f)
        for i in range(nmax):
            sum = 0.0                        # sum = np.dot(D[i], f)
            for j in range(nmax):
                sum += D[i][j] * f[j]
            df[i] = sum

    C = np.array([1.0 / 4.0, 0.5, 4.0 / 5.0])
    D = np.array([[1.0, 0.2, 0.5],
                  [0.4, 1.0, 0.6],
                  [0.1, 0.7, 1.0]])
    ff = np.zeros(3)

    ite, res = solve(calc_df, ff, C, 1000, 1.0e-6)
    print(ff, f"(iteration {ite:7d})")

    check = np.dot(D, ff)   # check[] should be same as C[]
    for i, answer in enumerate(check):
        assert (abs(answer - C[i]) < 1.0e-6)
```

後半のソースコードの 27 行目に注目してください．この if 文は，jacobi.py が

```
python3 jacobi.py
```

のように，このソースコードのみを実行する目的で使われたときにだけ有効となることを表しています．別のソースコードの中で import jacobi のように使われたときには，このブロックは実行されません．このことを利用して，このブロックで今回のテスト問題を設定しています．

配列 C と D に，直接テストデータを設定します．D は 3×3 行列なので，2 次元配列の形にしました．

29 行目では，if ブロックの中で，calc_df 関数を定義しています．

44 行目が主要な処理です．ここでは calc_df という関数そのものを solve() の引数の一つとして渡しています．このように，関数そのものを別の関数に渡すようにすると，非常に柔軟な処理を行えます．また収束条件が固定されていると面倒なので，その条件（最大の繰り返し回数と残差の条件値）も引数として関数 solve()

に渡しています.

45 行目は，solve() 関数で得られた解 ff と繰り返し回数を表示する箇所です．ここでは 1.3.7 項で説明した，「f 文字列」の書き方を使っています．

47 行目からは，得られた解 ff を使って方程式を計算し，解が正しいかどうかを確認しています．

なお配列のサイズが大きく，かつ solve() を何度も呼び出す場合†には，今回のソースコードのように solve() の中で一時的な配列 df を作るのではなく，呼び出す側で用意して使い回すほうが，計算時間の面から有利です．今回は読みやすさを優先して，solve() 内部で df を作りました．この df は solve() 関数の終了とともに自動的に廃棄されます．

以上のソースコードを自分で作成して実行し，もとの連立方程式が正しく計算されるかを確かめてみてください．

本章のまとめ

- データと方程式の離散化について学びました．
- 有限差分法によって 1 次，2 次の微分を近似するやり方を学びました．
- ヤコビ法で連立方程式を解けるようになりました．

---

† 流れ計算の場合がこれにあたります．

第3章 拡散方程式の計算

前章で学んだ有限差分法の考え方を用いて，本章と次章では流れに関係する方程式を実際に解いてみましょう．

固体の中を熱が伝わったり，水の中に落とされたインクの塊が広がったりする現象は，拡散方程式 (diffusion equation) とよばれる支配方程式に従います．流れの運動方程式の中にも，この拡散の効果の項が含まれています．

この章では，1次元の拡散方程式の例題を解くことで，拡散方程式について理解することを目指します．ただし位置座標についての1次元であって，実際には時刻 t と位置 x の2次元問題です．

3.1　1次元拡散方程式

時間 t と位置 x によって値の決まる物理量 $f(t,x)$ が，次のような拡散方程式に従うものとしましょう．

$$\frac{\partial f}{\partial t} = \mathcal{L}(\gamma, f) + c \tag{3.1}$$

関数 $\mathcal{L}()$ は

$$\mathcal{L}(\gamma, f) = \gamma \frac{\partial^2 f}{\partial x^2}$$

と定義します[†]．γ は粘性係数あるいは拡散係数とよばれる物理量で，今は一定値であるとします．

x の範囲は $x=0$ から $x=1$ までとし，これらの境界では任意の t において

$$f(t,0) = 0, \quad f(t,1) = 0$$

が成り立つとします．このような計算領域の端での条件は，境界条件 (boundary

[†] より一般的な定義を 5.1.1 節で示します．

condition）とよばれます．

また時刻 $t=0$ における初期値はすべて 0 として，任意の x において，下の式が成り立つものとします．

$$f(0, x) = 0$$

この初期値は，境界条件を満たしていることに注意してください．このように指定される $t=0$ での状態は，初期条件 (initial condition) とよばれます．

なお，この方程式には理論解が存在します．たとえば，係数が $\gamma=1, c=4$ であるときは，十分長い時間が経った後の解は

$$f(\infty, x) = 2x(1-x) \tag{3.2}$$

となることがわかっています．

この問題を解くために，空間方向については $x=0$ から $x=1$ までの区間（計算領域）に，合計 N 個のノードを設定します．境界である $x=0$ と $x=1$ の点にもノードを配置するので，ノードの間隔 Δx は下のような値となります．

$$\Delta x = \frac{1}{N-1}$$

各ノードには，0 から始まる添字 i で，x 方向の番号を付けます．また，時間軸方向には，間隔（時間ステップ）Δt で離散化します．時間軸方向にはノードを配置せず，配列の数値を書き換えて表現します．時刻は，変数の右肩に t 方向の添字 m を付けて示します．つまり，時刻 $t=m\Delta t$ における位置 $x=i\Delta x$ の f を，$f_i^{[m]}$ のように表現します[†]．

3.2　オイラー陽解法

ある時刻 $t=m\Delta t$ での $f_i^{[m]}$ の分布がわかっているとして，なんらかの手続きによって次の時刻 $(m+1)\Delta t$ における $f_i^{[m+1]}$ をすべての i について求められれば，その手続きを繰り返すことによって，すべての時刻の f_i の値を求められます．

任意の i における，時間 Δt あたりの変化を Δf_i としましょう．

$$f_i^{[m+1]} = f_i^{[m]} + \Delta f_i \tag{3.3}$$

[†] f の m 乗ではないことに注意してください．また，右肩の時刻のステップは省略することがあります．

この Δf_i を求める方法を考えます.

オイラー陽解法 (Euler explicit method) とよばれる手法では,方程式 (3.1) の右辺あるいは Δf_i を既知の値 $f^{[m]}$ だけで計算します.これは,図 3.1(a) における矢印に相当します.時刻 $m\Delta t$ における勾配 $\partial f/\partial t$ を使って,時刻 $(m+1)\Delta t$ における値を求めています.

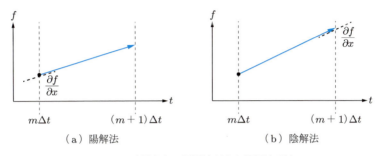

(a) 陽解法　　　　　　　　　(b) 陰解法

図 3.1　時間方向の陽解法 (左) と陰解法 (右)

このやり方を式 (3.1) に当てはめると,次の式が得られます.

$$\Delta f_i = \Delta t \left\{ \gamma \frac{\partial}{\partial x} \left(\frac{\partial f^{[m]}}{\partial x} \right) + c \right\} \tag{3.4}$$

有限差分法の式 (2.4) を用いて右辺を離散化近似すると,

$$\Delta f_i = \Delta t \gamma \frac{f_{i+1}^{[m]} - 2f_i^{[m]} + f_{i-1}^{[m]}}{\Delta x^2} + c\Delta t \tag{3.5}$$

となります.この式で Δf_i を求め,f_i に加算することを繰り返せば,時間とともに変わる解を得ることができます.

ただし,このオイラー陽解法には,解を安定に求めることができる安定条件の制限がつきます.その条件は,1 次元の式では

$$\Delta t \gamma \frac{1}{\Delta x^2} \leq \frac{1}{2} \tag{3.6}$$

です.この条件式が満たされないと,この解法は不安定となり,やがて解が発散します.この不安定性の原因は不適切な数値計算のやり方であり,物理現象そのものが不安定なわけではありません.

ちなみにこの安定条件は,3 次元の場合には次の式になります.

$$\Delta t \gamma \left(\frac{1}{\Delta x^2} + \frac{1}{\Delta y^2} + \frac{1}{\Delta z^2} \right) \leq \frac{1}{2}$$

オイラー陽解法を用いて式 (3.1) の拡散方程式を解くプログラムのソースコード (visex.py) を，以下に示します．$N = 15$, $\Delta t = 1.0 \times 10^{-3}$ として，1000 時間ステップの計算を行っています．

コード 3.1　visex.py: オイラー陽解法による拡散方程式の計算

```python
import numpy as np


def calc_euler_explicit(du, fu, delta_x, delta_t, gamma, c_offset):
    # calculate du in viscous equation by Explicit Euler method
    nmax = len(fu)
    tt = gamma * delta_t / (delta_x * delta_x)
    su = c_offset * delta_t

    for n in range(1, nmax - 1):
        du[n] = tt * (fu[n + 1] - 2.0 * fu[n] + fu[n - 1]) + su


if __name__ == '__main__':
    nmax = 15
    delta_x = 1.0 / (nmax - 1)

    fu = np.zeros(nmax)
    du = np.zeros(nmax)

    for steps in range(1000):
        calc_euler_explicit(du, fu, delta_x, 1.0e-3, 1.0, 4.0)
        fu += du                        # add for all index

    # put out the result.
    print("###    x       f")
    for n, fu_n in enumerate(fu):
        print(f"{n * delta_x:.4e} {fu_n:.4e}")
```

インデックス n が 0 と nmax - 1 であるノードの f の値は，境界条件からつねに 0 となるため変化させていません．

関数 calc_euler_explicit() を独立に使えるようにするため，関数の中で必要となる変数（nmax, delta_x など）を関数の引数として渡しています．

このソースコードを自分で作成して，ファイル visex.py として保存し，ターミナルにおいて

```
python3 visex.py
```

と入力して実行してみましょう．

計算結果をグラフにした例を，図 3.2 に示します．式 (3.2) の理論解にほぼ合致する結果が得られていることがわかります．

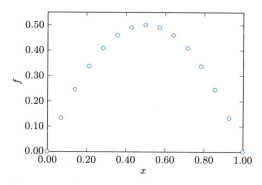

図 3.2　オイラー陽解法による拡散方程式の計算結果

問題 3.1

(1) この計算結果と，式 (3.2) の理論解を比較しなさい．

(2) 上記のプログラムで，$N = 40$ に修正して実行しなさい．おそらく期待と異なる解が得られるので，その結果や理由について考察しなさい．

補足

この程度の計算であれば，Microsoft 社製の Excel で行うこともできます．Excel の表

D7　=D6+$N$2*(C6-2*D6+E6)+$P$2

	A	B	C	D	E	F	G	H	I	J	K	L	M	N	O	P
1	# エクセルで一次元拡散方程式を解く															
2													tt	1.96E-01	su	4.00E-03
3	gamma	1		c	4		nmax	15		dt	1.00E-03		dx	0.071429		
4																
5	t=0	i=0	1	2	3	4	5	6	7	8	9	10	11	12	13	14
6	0	0	0	0	0	0	0	0	0	0	0	0	0	0	0	0
7	1.00E-03	0	4.00E-03	4.00E-03	4.00E-03	4.00E-03	4.00E-03	4.00E-03	4.00E-03	4.00E-03	4.00E-03	4.00E-03	4.00E-03	4.00E-03	4.00E-03	0
8	2.00E-03	0	7.22E-03	8.00E-03	8.00E-03	8.00E-03	8.00E-03	8.00E-03	8.00E-03	8.00E-03	8.00E-03	8.00E-03	8.00E-03	8.00E-03	7.22E-03	0
9	3.00E-03	0	9.96E-03	1.18E-02	1.20E-02	1.20E-02	1.20E-02	1.20E-02	1.20E-02	1.20E-02	1.20E-02	1.20E-02	1.20E-02	1.18E-02	9.96E-03	0
10	4.00E-03	0	1.24E-02	1.55E-02	1.60E-02	1.60E-02	1.60E-02	1.60E-02	1.60E-02	1.60E-02	1.60E-02	1.60E-02	1.60E-02	1.55E-02	1.24E-02	0
11	5.00E-03	0	1.46E-02	1.90E-02	1.99E-02	2.00E-02	2.00E-02	2.00E-02	2.00E-02	2.00E-02	2.00E-02	2.00E-02	1.99E-02	1.90E-02	1.46E-02	0
12	6.00E-03	0	1.66E-02	2.23E-02	2.37E-02	2.40E-02	2.40E-02	2.40E-02	2.40E-02	2.40E-02	2.40E-02	2.40E-02	2.37E-02	2.23E-02	1.66E-02	0
13	7.00E-03	0	1.84E-02	2.55E-02	2.75E-02	2.79E-02	2.80E-02	2.80E-02	2.80E-02	2.80E-02	2.80E-02	2.79E-02	2.75E-02	2.55E-02	1.84E-02	0

Sheet1

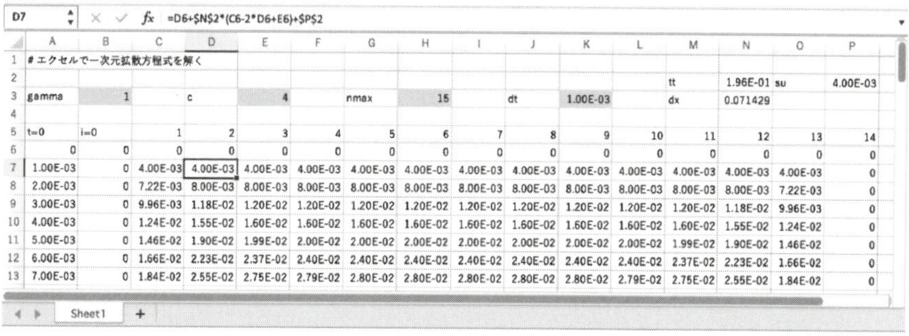

図 3.3　Excel で計算した例

の左右方向を x 軸，縦方向を t 軸として，ある列に初期値をおき，境界条件や式 (3.4)，(3.5) をマクロとして定義し，それを下の行に 1000 行分コピーすれば，1000 ステップの計算をすることができます．図 3.3 にその計算結果の例を示します．

3.3 オイラー陰解法

オイラー陽解法はプログラムを比較的簡単に作れますが，安定に解けるための制約が課せられています．この制約をなくすためには，拡散方程式を一部あるいは全部，陰的 (implicit) に解く必要があります．「陰的」とは，式 (3.3) の Δf_i の計算に未来の値 $f_i^{[m+1]}$ を含めて解析することを意味します．ここでは，完全陰解法，あるいはオイラー陰解法 (Euler implicit method) とよばれる方法を説明します．

オイラー陰解法では，方程式 (3.1) の右辺を未来の未知の値 $f^{[m+1]}$ で表現します．すなわち，

$$\Delta f_i = \Delta t \left\{ \gamma \frac{\partial}{\partial x} \left(\frac{\partial f_i^{[m+1]}}{\partial x} \right) + c \right\} \tag{3.7}$$

とします．これは，図 3.1(b) における矢印にあたります．時刻 $(m+1)\Delta t$ における勾配 $\partial f/\partial t$ と時刻 $m\Delta t$ における値 f とから，時刻 $(m+1)\Delta t$ における値を求めます．

ただし，$f^{[m+1]}$ は未知なので，その時刻における勾配 $\partial f/\partial x$ も未知です．なんらかの手法でこれを求めなければなりません．式 (3.4) と式 (3.7) とでは，添字が m か $m+1$ かというわずかな差しかありませんが，このささいな差が結果やソースコードの大きな違いになります．数値計算の面白い点の一つといえるでしょう．

さて，上の式 (3.7) の右辺の $f_i^{[m+1]}$ を $f_i^{[m]} + \Delta f_i$ で置き換えて，

$$\frac{\Delta f_i}{\Delta t} = \gamma \frac{\partial}{\partial x} \left(\frac{\partial \Delta f_i}{\partial x} \right) + \gamma \frac{\partial}{\partial x} \left(\frac{\partial f_i^{[m]}}{\partial x} \right) + c$$

とし，整理すると

$$\Delta f_i - \gamma \Delta t \frac{\partial}{\partial x} \left(\frac{\partial \Delta f_i}{\partial x} \right) = \Delta f_i^{ex} \tag{3.8}$$

となります．ただし

$$\Delta f_i^{ex} \equiv \gamma \Delta t \frac{\partial}{\partial x} \left(\frac{\partial f_i^{[m]}}{\partial x} \right) + c \Delta t$$

です．この Δf_i^{ex} は，オイラー陽解法での Δf_i と同じものになっています．この式 (3.8) を解いて解の増加分 Δf_i を求めれば，$f_i^{[m+1]}$ を得ることができます．

　このオイラー陰解法では，Δt には安定性からの制限はありません．ただし，安定に解けることと，精度のよい解が得られることとは異なるので，注意する必要があります（たいてい相反します）．

　式 (3.8) を離散化近似して解きます．ここで，演算子

$$G(g) \equiv g - \gamma \Delta t \frac{\partial}{\partial x}\left(\frac{\partial g}{\partial x}\right)$$

を定義し，離散化近似すると

$$G(g_i) = g_i - \frac{\gamma \Delta t}{\Delta x}\left(\frac{g_{i+1} - g_i}{\Delta x} - \frac{g_i - g_{i-1}}{\Delta x}\right)$$

から

$$G(g_i) = \left(1 + 2\frac{\gamma \Delta t}{\Delta x^2}\right) g_i - \frac{\gamma \Delta t}{\Delta x^2}(g_{i+1} + g_{i-1}) \tag{3.9}$$

と表現できます．この式に Δf_i を適用し，境界のノードではない $i = 1$ から $i = N - 2$ までのノードにおいて，方程式

$$G(\Delta f_i) = \Delta f_i^{ex}$$

を解いて Δf_i を得ます．

　この式は，i 番目のノード周辺の $\Delta f_i, \Delta f_{i+1}, \Delta f_{i-1}$ の間に成り立つ式を表していて，Δf_i についての連立 1 次方程式になります．すでに学んだヤコビ法で，上の方程式を解きましょう．

　最初に，ヤコビ法の安定条件を確認しておきます．式 (3.9) において

$$\sum_{i \neq j}^{n} |A_{ij}| = |\gamma \Delta t|\left(\frac{1}{\Delta x^2} + \frac{1}{\Delta x^2}\right)$$

$$A_{ii} = 1 + \gamma \Delta t \left(\frac{2}{\Delta x^2}\right)$$

となるので，$\gamma \Delta t > 0$ であれば，収束条件式 (2.10) はつねに成り立ちます．この問題では $\gamma > 0$ かつ $\Delta t > 0$ ですので，ヤコビ法でこの方程式を安定に解けることが確認できました．

3.3.1 ●オイラー陰解法のプログラム

陰解法を用いて例題を解くソースコード (visim.py) を，以下に分割して示します．

コード 3.2　visim.py: オイラー陰解法による拡散方程式の計算 (Part1)

```python
# @ Part1
import numpy as np
import visex              # original module
import jacobi             # original module


def calc_euler_implicit(fu, du, f_ex, calc_func, dx, dt, gamma, c_offset):
    # calculate viscous equation for one step
    visex.calc_euler_explicit(f_ex, fu, dx, dt, gamma, c_offset)

    f_ex *= Rev_aii         # normalization
    du[:] = f_ex            # initial value of du is f_ex.

    jacobi.solve(calc_func, du, f_ex, 100, 1.0e-6, False)
    fu += du
```

まずは，1 ステップの計算をする関数を定義しています．先ほど作ったオイラー陽解法のモジュール visex を，ここで早速利用しています．

コード 3.2　visim.py (Part2)

```python
# @ Part2
def calc_G(df, g):
    # Set df = G(g) for implicit scheme. This is used in jacobi.solve.
    nmax = len(g)
    for n in range(1, nmax - 1):
        df[n] = g[n] + Coef_G * (g[n + 1] + g[n - 1])

    df[0] = 0.0  # boundary (not necessary in this example)
    df[nmax - 1] = 0.0
```

19 行目以降が，今回の問題のための設定です．関数 calc_G() は，式 (3.9) の $G(g_i)$ を計算する関数です．この関数は，後の 45 行目で calc_euler_implicit() 関数に引数として渡され，さらに 14 行目で solve.jacobi() 関数に渡されます．

コード 3.2　visim.py (Part3)

```python
29  # @ Part3
30  if __name__ == '__main__':
31      nmax = 40
32      gamma = 1.0
33      c_offset = 4.0
34      delta_t = 1.0e-3
35      delta_x = 1.0 / (nmax - 1)
36      aii = 1.0 + 2.0 * gamma * delta_t / (delta_x * delta_x)
37      Rev_aii = 1.0 / aii
38      Coef_G = -1.0 * gamma * delta_t / (delta_x * delta_x) * Rev_aii
39
40      fu = np.zeros(nmax)
41      du = np.zeros(nmax)
42      f_ex = np.zeros(nmax)
43
44      for steps in range(500):
45          calc_euler_implicit(fu, du, f_ex, calc_G,
46                              delta_x, delta_t, gamma, c_offset)
47
48      print("###   x       f")
49      for n, fu_n in enumerate(fu):
50          print(f"{n * delta_x:.4e} {fu_n:.4e}")
```

main 部分です．$N = 40$，$\Delta t = 1.0 \times 10^{-3}$ として，500 ステップの計算をしています．

なお，変数 Coef_G と Rev_aii は，関数 calc_G() に追加の情報を間接的に伝えるために使っています．このように関数をまたいで使われる変数があると，ソースコードが読みにくくなるのであまり使わないほうがよいのですが，ここでは jacobi.solve() の引数を変えないことを優先しました．

この visim.py を作ったら，ターミナルで

```
python3 visim.py
```

と実行できます．その結果を可視化したものを図 3.4 に示します．オイラー陽解法で解いた問題 3.1(2) では発散したノード数でも，安定に解けています．

問題 3.2

問題 3.1 と同じく 1000 ステップまで計算させたり，さらに Δx を小さくするなど，条件を変えた計算を試みなさい．また，計算結果を理論解と比較しなさい．

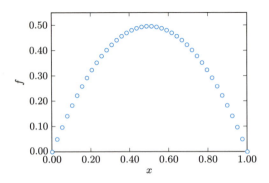

図 3.4 オイラー陰解法による拡散方程式の計算結果

3.4 半陰解法

　一般に，オイラー陽解法は精度はよいのですが安定性が悪く，オイラー陰解法は安定ですが若干精度が落ちます．このため，これらを折衷して，安定かつ高精度に解を求めるような方法がいくつか提案されています．予測子修正子法，ルンゲ–クッタ法，クランク–ニコルソン法 (Crank–Nicolson method) などが有名で，まとめて半陰解法 (semi-implicit method) とよばれることがあります．

　たとえば，クランク–ニコルソン法では，拡散方程式 (3.1) を

$$\frac{f_i^{[m+1]} - f_i^{[m]}}{\Delta t} = \frac{1}{2}(\mathcal{L}(f_i^{[m+1]}) + \mathcal{L}(f_i^{[m]})) + c$$

のように離散化して計算します．この手法は，Δt によらず安定であるとされます．また，2 次元，3 次元に拡張することもできます．

本章のまとめ

- 拡散方程式の解き方について学びました．
- 陽解法と陰解法の違い，とくに精度と安定性について学びました．

第4章 対流方程式の計算

この章では，対流 (convection) の方程式を解いてみましょう．

対流とは，流れによって「何か」が移動する現象を意味しています．この「何か」には，質量，運動量，乱れのエネルギーなどさまざまなものが当てはまります．

4.1 1次元対流方程式

ここでは，対流の扱いを学ぶために，物理量 $f(t,x)$ が流れによって移動する，1次元非定常の対流方程式

$$\frac{\partial f}{\partial t} = -u\frac{\partial f}{\partial x} \tag{4.1}$$

を解いてみます．

流速 u が定数であると仮定すると，この対流方程式では物理量 $f(t,x)$ の時刻 0 における分布 $f(0,x)$ が，流れによって分布を変えずに移動すると考えられます（図 4.1 参照）．このとき，時刻 t における上の方程式の解は次のように書けます．

$$f(t,x) = f(0, x - ut)$$

一般に，対流現象は非線形の方程式で表現されることが多いのですが，流速を固定すれば線形問題になります．この節で扱う例は線形ですが，以下に示す手法は非

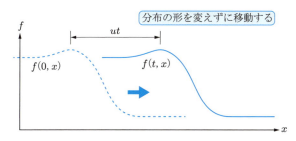

図 4.1 u 一定の場合の対流問題の解

線形の対流方程式にも適用できます．

4.2 CFL 条件

対流方程式 (4.1) を陽解法で解くときに，計算が発散しないための条件は，CFL 条件 (Courant–Friedrichs–Lewy condition) とよばれます．

1 次元の場合の CFL 条件は，クーラン数 (Courant number)

$$C \equiv \frac{u\Delta t}{\Delta x}$$

が

$$C < 1$$

を満たしていることです．すなわち，1 回の時間ステップでの物理量の移動幅 $u\Delta t$ が格子の幅 Δx を超えないことが，対流の計算を安定に進めるための条件です．この条件は，「物理量の変化が伝わる速さが，計算情報が伝わる速さを超えてはいけない」という意味をもっています．

陽解法では，CFL 条件を必ず満たしている必要があります．一方，陰解法では，満たしていなくても解が得られることが多いです．陰解法では，次の時刻の値を求める際にすべてのノードの情報を用いており，物理量の変化が全領域に伝わっていて，このために CFL 条件が緩和されていると解釈できます．

2 次元，3 次元の場合は，一般にはそれぞれの方向に 1 次元と同じ式が成立していればよいとされていますが，計算精度のうえでは，それぞれの方向成分のクーラン数を 0.5 以下にすることが望ましいでしょう．

4.3 中心差分による解法

拡散方程式の場合と同様に，時間ステップを上添字 $[m]$ で表し，時刻は $t = m\Delta t$ と書けるものとします．また，x 方向のノード間隔を Δx とし，i 番目のノードの位置は $x = i\Delta x$ であるとします．

x 方向の微分 $\partial f/\partial x$ をどう評価するかが，対流項の扱いでは重要です．一つの方法としては，添字 i における微分値を，次に示す中心差分の式

$$\left(\frac{\partial f}{\partial x}\right)_i \approx \frac{f_{i+1} - f_{i-1}}{2\Delta x}$$

で近似し，時間方向について陽的に評価することにして，方程式 (4.1) を

$$\frac{f_i^{[m+1]} - f_i^{[m]}}{\Delta t} = -u_i^{[m]} \frac{f_{i+1}^{[m]} - f_{i-1}^{[m]}}{2\Delta x}$$

のように離散化する，というやり方が考えられます．

この方法は空間方向の精度が 2 次精度であり，よさそうに思えますが，実際には非常に不安定であり，粘性が強い流れ以外には使えません．

より安定な手法として，次に示す 1 次風上差分を使うことができます．

4.4　1 次風上差分による解法

中心差分法では上流側と下流側とを等価に扱っていますが，対流現象は流れによって物理量 f が運ばれる現象なので，流れの上流側からの影響がより大きいです．そこで，微分値 $\partial f/\partial x$ を上流側，すなわち「風上側」の分布を重視して決めるというのが，風上差分法 (upwind/upstream difference scheme) の考え方です．

たとえば，

$$\frac{\partial f}{\partial x} \approx \frac{f_i - f_{i-1}}{\Delta x} \quad (u \geq 0)$$

$$\frac{\partial f}{\partial x} \approx \frac{f_{i+1} - f_i}{\Delta x} \quad (u < 0)$$

のように，u の符号によって上流側を判断し，上流側での片側 1 次精度差分式で $\partial f/\partial x$ を近似すれば，上流側の物理量 f の勾配だけを使って対流項を評価したことになります．これを 1 次風上差分法，あるいはドナーセル法とよびます．

4.4.1 ● 人工粘性，数値粘性

ここで，$u > 0$ の場合の，1 次風上差分と中心差分との差をとってみると

$$\left(\frac{f_i - f_{i-1}}{\Delta x}\right) - \left(\frac{f_{i+1} - f_{i-1}}{2\Delta x}\right) = \frac{2f_i - 2f_{i-1} - f_{i+1} + f_{i-1}}{2\Delta x}$$

$$= \frac{2f_i - f_{i-1} - f_{i+1}}{2\Delta x}$$

$$= \frac{-\Delta x}{2} \times \frac{f_{i+1} - 2f_i + f_{i-1}}{\Delta x^2}$$

となります.

したがって，1次風上差分の時間進行の式は（上添字の $[m]$ を省略すると）

$$\frac{f_i^{[m+1]} - f_i}{\Delta t} = -u\frac{f_i - f_{i-1}}{\Delta x}$$
$$= -u\frac{f_{i+1} - f_{i-1}}{2\Delta x} + \frac{u\Delta x}{2}\frac{f_{i+1} - 2f_i + f_{i-1}}{\Delta x^2}$$

と変形できます.

不安定であることを無視すれば，中心差分法での評価は精度が高く，「正しい」解に近い値を示すはずなので，上の右辺第2項は風上差分法の数値誤差と考えられます．この誤差は拡散方程式の離散化近似と同じ形をもっており，係数 $u\Delta x/2$ の拡散項とみなせます．すなわち，1次風上差分法での解析では，中心差分法による結果に加えて，拡散の成分が解に加わっているものと解釈できます．

このように，離散化と有限差分式によって拡散項のような作用が加わることを，人工粘性 (artificial viscosity) あるいは数値粘性とよびます．別の言い方をすると，人工粘性の効果によって，1次風上差分での計算は中心差分よりも安定になります．

4.4.2 ● 1次風上差分法によって対流問題を解く

時刻 $t=0$ における物理量 $f(0,x)$ の x 方向の分布が，領域 $x < 0.2$ では $f=1.0$ であり，領域 $x > 0.2$ では $f=0.0$ であったとします．この f が速度 $u=1$ の対流によって移動するとして，1次風上差分で解くプログラムを次に示します．初期状態から300ステップの計算を行い，最初と最後の f の分布の状態を出力しています．

コード 4.1　convupwind.py: 1次風上差分法による対流方程式の計算

```
import numpy


def calc_upwind(f, fu, df, delta_x, delta_t):
    # get new f[] by upwind method,  f += delta_t * ( - df/dx ) * fu
    nmax = len(f)
    rdx = 1.0 / delta_x
    for n in range(1, nmax - 1):
        if fu[n] >= 0.0:
            dfdx = (f[n] - f[n - 1]) * rdx
        else:
            dfdx = (f[n + 1] - f[n]) * rdx
        df[n] = -1.0 * fu[n] * delta_t * dfdx
```

4.4　1次風上差分による解法

```
14
15      df[nmax - 1] = df[nmax - 2]    # Neumann boundary condition
16
17      f += df                         # add df[] to f[]
18
19
20  def get_pos(ind, delta_x):
21      return ind * delta_x
22
23
24  def setup(nmax):
25      delta_t = 1.0e-3
26      delta_x = 1.0 / (nmax - 1)
27      fu = numpy.zeros(nmax)
28      phi = numpy.zeros(nmax)
29
30      # set initial distribution
31      for n in range(nmax):
32          fu[n] = 1.0  # flow velocity
33
34          x = get_pos(n, delta_x)
35          if x < 0.2:
36              phi[n] = 1.0
37          else:
38              phi[n] = 0.0
39
40      return (delta_t, delta_x, fu, phi)
41
42
43  def show(message, phi, delta_x):
44      print(message)
45      for n, pp in enumerate(phi):
46          xx = get_pos(n, delta_x)
47          print(f"{xx:.4e} {pp:.4e}")
48
49
50  if __name__ == '__main__':
51      nmax = 40
52      steps = 300
53      delta_t, delta_x, fu, phi = setup(nmax)
54
55      show("###   x0    f0", phi, delta_x)
56
57      work = numpy.zeros(nmax)
58      for st in range(steps):
59          calc_upwind(phi, fu, work, delta_x, delta_t)
60
61      show("\n###   x1    f1", phi, delta_x)
```

4 行目で定義した関数 calc_upwind() が，1 次風上差分法によって時間を 1 ステップ進める関数です．引数として渡す配列 f が対流により変化します．この関数は 4.4 節に示した式のとおりなので，読むのにそれほど苦労はしないでしょう．

24 行目の関数 setup() で変数を用意して，四つの値のタプルとして返しています．また，見やすくするため，計算する配列名を f ではなく phi に変えています．

このソースコードを実行して得た結果を図 4.2 に示します．初期状態での分布は，$x = 0.2$ のところで 1.0 から 0.0 に階段状に変化しています．この分布が流速 $u = 1.0$ の流れによって x 軸方向へ移動し，グラフの縦軸の値が 0.5 の位置が 300 ステップ相当，すなわち 0.3 だけ移動して，ほぼ $x = 0.5$ 付近のところまで来ています．ただし，$t = 0$ では階段状であった分布が，人工粘性のためになだらかな分布となってしまっています．

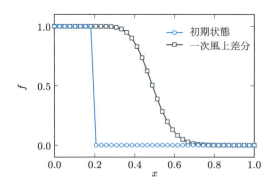

図 4.2 1 次風上差分法による対流計算の結果

補足

関数 calc_upwind() の中では，一部を略して表すと

```
def calc_upwind(f, fu, df, delta_x, delta_t):
    ...
    for n in range(1, nmax - 1):
        ...
        df[n] = -1.0 * fu[n] * delta_t * dfdx
    ...
    f += df                        # add df[] to f[]
```

となっています．つまり，いったん f の変化量を配列 df に代入した後で，一斉に f[] に加えています．これをもっと簡単に

```
def calc_upwind(f, fu, df, delta_x, delta_t):
    ...
    for n in range(1, nmax - 1):
        dfdx = ...
        f[n] +=  -1.0 * fu[n] * delta_t * dfdx
    ...
```

としてもよいのでは，と思った人はいませんか？

これは数値計算で留意すべき点の一つの，依存関係の問題の例になります．実際には最初のソースコードと後のソースコードでは結果が違うことがあり，それは数値計算の誤差ではなくてソースコードの間違いです．dfdx の値が大きく変わってしまう可能性があるのですが，その理由が説明できるでしょうか？（ヒント：2.2.4 項で，似たような状況がありました.）

4.5 高次風上差分

1 次風上差分法は安定ですが，人工粘性がかなり強いため，解に悪影響が出ることがあります．そこで，安定かつ高精度に対流項を解くために，1 次式ではなく 2 次，あるいは 3 次などの，高次の差分近似式を用いる手法が提案されています．このような手法を高次風上差分とよびます．

たとえば，桑原の方法，あるいは桑原スキームとよばれる方法では

$$\frac{\partial f}{\partial x} \approx \frac{2f_{i-2} - 10f_{i-1} + 9f_i - 2f_{i+1} + f_{i+2}}{6\Delta x} \quad (u \geq 0)$$

$$\frac{\partial f}{\partial x} \approx \frac{-f_{i-2} + 2f_{i-1} - 9f_i + 10f_{i+1} - 2f_{i+2}}{6\Delta x} \quad (u < 0)$$

のように計算します．これは，(4 次中心差分 + 人工粘性項) の形であるので，3 次の精度をもつとされます．ほかには QUICK 法も有名です．

高次風上差分式では，境界付近において計算式に使えるノードが存在しない場合があります．たとえば上の桑原の式では，$i = 1$ の計算において，計算領域には存在しない f_{-1} を扱わなくてはなりません．高次風上差分は，このような境界における扱いがやや面倒です．

4.6 CIP 法による解法

高次風上差分法の一種ではあるものの考え方が異なるのが，矢部の提唱した CIP

法 (cubic-interpolated pseudoparticle method) です．詳しくは矢部の論文 [1] を参照してください．

CIP 法では値 f だけではなく，1 次微分値 $\partial f/\partial x$ も変数として扱います．説明のために次のように定義しておきます．

$$g \equiv \frac{\partial f}{\partial x}$$

さて，$u > 0$ で，位置 x_i の上流側の f の分布が，3 次の近似内挿式

$$F(x) = ax^3 + bx^2 + cx + d$$

で表現できるものとします（図 4.3 参照）．このとき，$f_i, f_{i-1}, g_i, g_{i-1}$ の値がわかっているものとすれば，四つの式

$$f_i = F(0) = d$$
$$g_i = \frac{dF(0)}{dx} = c$$
$$f_{i-1} = F(-\Delta x) = -a\Delta x^3 + b\Delta x^2 - c\Delta x + d$$
$$g_{i-1} = \frac{dF(-\Delta x)}{dx} = 3a\Delta x^2 - 2b\Delta x + c$$

を解くことにより，係数 a, b, c, d を次のように求められます．

$$a = \frac{2(f_{i-1} - f_i) + \Delta x(g_i + g_{i-1})}{\Delta x^3}$$
$$b = \frac{3(f_{i-1} - f_i) + \Delta x(g_{i-1} + 2g_i)}{\Delta x^2}$$
$$c = g_i$$
$$d = f_i$$

短い時間 Δt の後に x_i の位置に移動してくる f の値は，$F(-u\Delta t)$ と表せ，先ほ

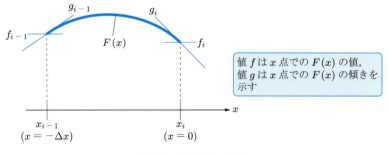

図 4.3　1 次元の CIP 法

ど求めた係数から求められます．そこで

$$f_i^{[m+1]} = F(-u\Delta t)$$

とすれば，対流方程式を解くことができます．

また，g については，式 (4.1) を x で偏微分した式

$$\frac{\partial g}{\partial t} = \frac{\partial}{\partial x}\left(-u\frac{\partial f}{\partial x}\right) = -u\frac{\partial g}{\partial x} - \frac{\partial u}{\partial x}\frac{\partial f}{\partial x}$$

を解きます．右辺の第 1 項については，f と同様に上の $F(x)$ の式から g の分布を

$$G(x) = 3ax^2 + 2bx + c$$

と内挿して解き，右辺第 2 項は陽的に解いて

$$g_i^{[m+1]} = G(-u\Delta t) - \left(\frac{\partial u}{\partial x}\frac{\partial f}{\partial x}\right)_i \Delta t$$

とすれば，次の時刻の g を得ることができます．

4.6.1 ● CIP 法によって対流問題を解く

前に 1 次風上差分法で解いたのと同じ課題を，CIP 法で解いた例を示します．ただし，このプログラムではちょっと手を抜いて，$u > 0$ の場合のみのプログラムとしています．4.4.2 項で作った convupwind.py をインポートし，使える関数を共用しています．

コード 4.2　convcip.py: CIP 法による対流方程式の計算

```
1  import numpy
2  import convupwind as up       # previous module
3
4
5  def calc_cip(f, f0, fu, delta_x, delta_t):
6      # get new f[] by CIP method.   Caution. now u>0 is assumed.
7      nmax = len(f)
8      f_new = numpy.zeros(nmax)    # temporary array
9      f0_new = numpy.zeros(nmax)
10
11     dx = delta_x
12     for i in range(1, nmax - 1):
13         a = (2.0 * (f[i - 1] - f[i]) + dx * (f0[i] + f0[i - 1])) / (dx ** 3)
14         b = (3.0 * (f[i - 1] - f[i]) +
15              dx * (2.0 * f0[i] + f0[i - 1])) / (dx ** 2)
16         cc = f0[i]
```

```
17          d = f[i]
18
19          x = -1.0 * fu[i] * delta_t
20
21          f_new[i] = a * x ** 3 + b * x * x + cc * x + d      # new f
22          f0_new[i] = 3.0 * a * x * x + 2.0 * b * x + cc     \
23              - delta_t * 0.5 * (fu[i + 1] - fu[i - 1]) / dx \
24                      * 0.5 * (f[i + 1] - f[i - 1]) / dx  # new f0
25
26      f_new[nmax - 1] = f_new[nmax - 2]      # Neumann boundary condition
27      f0_new[nmax - 1] = f0_new[nmax - 2]
28
29      for i in range(1, nmax - 1):
30          f[i] = f_new[i]
31          f0[i] = f0_new[i]
32
33
34  def derivative(phi, delta_x):
35      nmax = len(phi)
36      phi0 = numpy.zeros(nmax)
37      rdx = 1.0 / delta_x
38
39      for i in range(1, nmax - 1):
40          phi0[i] = 0.5 * (phi[i + 1] - phi[i - 1]) * rdx
41
42      # boundary condition
43      phi0[0] = 0.0
44      phi0[nmax - 1] = 0.0
45
46      return phi0
47
48
49  if __name__ == '__main__':
50      nmax = 40
51      steps = 300
52
53      delta_t, delta_x, fu, phi = up.setup(nmax)   # use previous setup()
54      phi0 = derivative(phi, delta_x)
55
56      up.show("###   x0    f0", phi, delta_x)
57      for st in range(steps):
58          calc_cip(phi, phi0, fu, delta_x, delta_t)
59      up.show("\n###   x1    f1", phi, delta_x)
```

このソースコードを

```
python3 convcip.py
```

と実行し，その結果を可視化したものを図 4.4 に示します．

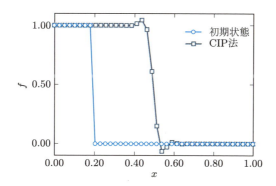

図 4.4　CIP 法による対流計算の結果

ややオーバーシュートが見られはするものの，$t=0$ で階段状であった分布の形をよく保っていることが確認できます．

CIP 法は 2 次元，3 次元にも容易に拡張できます．その際の内挿係数や，より一般的な対流問題への適用方法については，論文 [1] で示されています．

> **Column　デバッグのやり方**
>
> 　悲しいことに，人間はかならずミスをしでかします．プログラム作成においても，どこかにミスがあるものと疑う必要があります．
> 　意図したとおりにプログラムが動作しない場合には，なんらかのミス（プログラムの世界ではバグ (bug) とよぶ）があります．そのミスをなくすことをデバッグ (debug) 作業とよびます．
> 　デバッグ作業では，計算の途中で変数の値を書き出したりして，バグの原因を追いかけていくことになります．この際，ソースコードが関数に分けて書いてあると，関数ごとに動作確認を行うことにより，問題のある関数を特定しやすくなることがあります．
> 　また TDD (test-driven development) のように，そもそもバグができにくいように，もしできても比較的早急に発覚するようにしながら開発を行うやり方も提唱されています．

本章のまとめ

- 対流方程式の解き方について学びました．
- 手法により精度と安定性が変わることを学びました．

第5章 流れ解析の手法

ここまで，数値計算によって流れを解析するための基礎的な事項を説明し，実際にそれらを確かめてきました．この章では，いよいよ「流れ」の解析に挑戦します．

5.1 流れの解き方

まず，流れを決める方程式，およびその解き方について説明しますが，いきなり一般の流れを扱うのは大変なので，図 5.1 のような平行平板に挟まれた 2 次元の流路の流れを解くことを考えます．このような流れは「2 次元チャネル流 (channel flow)」とよばれます．

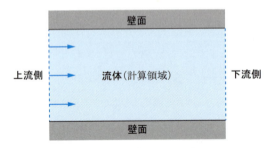

図 5.1　2 次元チャネル流れの状況

5.1.1 ● 座標系と記号

ここから扱う式が多くなるので，記号の定義などをまとめておきます．

座標系は xyz 系（カーテシアン (Cartesian) 系，デカルト座標系ともよばれます）で計算することにし[†]，記号 x, y, z はそれぞれの方向の位置座標とします．

[†] 流れの数値計算では，物体や境界の形状に合わせた座標系を用いる手法が使われることも多いです（9.5 節参照）．

5.1 流れの解き方

これからの説明で使う記号を下のように定義します．なお説明をしやすいように，同じ意味のものを 2 通りに表現していることもあります[†1]．

- x, y, z：位置座標（デカルト座標系）
- x_i：位置座標（添字 0, 1, 2 がそれぞれ x, y, z 方向）
- t：時間
- $\mathbf{v}$：流速ベクトル
- u, v, w：流速ベクトルの成分（それぞれ $\mathbf{v}$ の x, y, z 方向）
- u_i：流速ベクトルの成分（添字 0, 1, 2 がそれぞれ x, y, z 方向）
- p：流体の圧力
- ρ：流体の密度
- μ：流体の粘性係数
- $\gamma\ (\equiv \mu/\rho)$：流体の動粘性係数[†2]
- γ_t：乱流粘性，渦粘性[†3]
- η：液体の割合（1 なら完全な液体領域，0 なら完全な気体領域）
- Δt：時間ステップ（時間間隔）
- $\Delta x, \Delta y, \Delta z$：それぞれの座標方向のノード間距離（格子幅）

流れを支配する方程式は複雑なので，略して書くための関数や演算子を使うことが多いです．それらも，ここで定義しておきます．

- $\nabla_x(), \nabla_y(), \nabla_z()$：
  偏微分の関数で，それぞれを
  $$\nabla_x(f) \equiv \frac{\partial f}{\partial x}, \quad \nabla_y(f) \equiv \frac{\partial f}{\partial y}, \quad \nabla_z(f) \equiv \frac{\partial f}{\partial z}$$
  と定義します．

- ∇：
  上の三つをまとめて，ベクトルを作る関数です．
  $$\nabla(f) \equiv (\nabla_x(f), \nabla_y(f), \nabla_z(f))$$

[†1] たとえば x と x_0，v と u_1 は同じ意味です．
[†2] 流体力学の教科書ではギリシア文字の ν （ニュー）で表されることが多いですが，流速の v と紛らわしいので γ で表します．
[†3] 乱流の節（9.1 節）で説明します．

- $D(\mathbf{v})$:

    ベクトルの発散を求める関数で，結果はスカラー量になります．

$$D(\mathbf{v}) \equiv \nabla_x(u) + \nabla_y(v) + \nabla_z(w) = \frac{\partial u}{\partial x} + \frac{\partial v}{\partial y} + \frac{\partial w}{\partial z}$$

- $\mathcal{L}(a, f)$:

    物理量 f に対するラプラス演算子（ラプラシアン，Laplacian）です．係数 a を用いて

$$\mathcal{L}(a, f) \equiv \frac{\partial}{\partial x}\left(a\frac{\partial f}{\partial x}\right) + \frac{\partial}{\partial y}\left(a\frac{\partial f}{\partial y}\right) + \frac{\partial}{\partial z}\left(a\frac{\partial f}{\partial z}\right)$$

と定義できますが，先ほど定義した関数を使って，

$$\mathcal{L}(a, f) \equiv D(a\nabla(f)) \tag{5.1}$$

とも表せます．

なお $a = 1$ の場合には，この関数を単に $\mathcal{L}(f)$ のように表記します．

- $C(f)$:

    対流項の関数で，流速 u, v, w を用いて

$$C(f) \equiv -1 \times \left(u\frac{\partial f}{\partial x} + v\frac{\partial f}{\partial y} + w\frac{\partial f}{\partial z}\right) \tag{5.2}$$

と定義します．

5.1.2 ● 連続の式と NS 方程式

流れを支配している方程式を書き出してみましょう．

密度 ρ の変化をほぼ無視できる，マッハ数が 0.3 以下の流れ（いわゆる「非圧縮流れ」）では，解きたい四つの変数 p, u, v, w に対して，一つの「連続の式」と三つの運動方程式があります．これらの式の詳しい説明は省略し，結果だけを示します．詳しく知りたい人は流体力学の教科書を見てください．

一つめの方程式は非圧縮の連続の式で，

$$\frac{\partial u}{\partial x} + \frac{\partial v}{\partial y} + \frac{\partial w}{\partial z} = 0 \tag{5.3}$$

と表されます．定義しておいた関数を用いると，この式は

$$D(\mathbf{v}) = 0$$

と書けます．この式は，流体の質量が保存されることを意味します．

流れの運動方程式は，ナビエ–ストークス (Navier–Stokes) 方程式，略して NS 方程式とよばれます．非圧縮流れの x 方向の NS 方程式は，

$$\frac{\partial u}{\partial t} = -\left(u\frac{\partial u}{\partial x} + v\frac{\partial u}{\partial y} + w\frac{\partial u}{\partial z}\right) - \frac{1}{\rho}\frac{\partial p}{\partial x} + \gamma\left(\frac{\partial^2 u}{\partial x^2} + \frac{\partial^2 u}{\partial y^2} + \frac{\partial^2 u}{\partial z^2}\right) + F_x$$

となります．これを，先に定義した演算子や関数を用いて略して表すと，

$$\frac{\partial u}{\partial t} = C(u) - \frac{1}{\rho}\nabla_x(p) + \mathcal{L}(\gamma, u) + F_x \tag{5.4}$$

となります．

記号の定義の節でも示しましたが，ρ は流体の密度，γ は流体の動粘性係数であり，これらは物性値で変化しないものとします[†]．

F_x は遠心力，重力などの，単位質量の流体にはたらく外力の x 方向成分です．

右辺第 1 項の $C(u)$ は対流項 (convection term) とよばれています．また右辺の第 2 項 $(-1/\rho)\nabla_x(p)$ は圧力項 (pressure term) とよばれ，右辺第 3 項 $\mathcal{L}(\gamma, u)$ は粘性項 (viscous term) とよばれます．

左辺は速度 u の時間変化を表しており，非定常項 (unsteady term) とよばれます．時間が経過しても流速や圧力が変わらない流れ（定常流れ）では，この項は 0 になります．

y 方向の NS 方程式は，演算子を用いて

$$\frac{\partial v}{\partial t} = C(v) - \frac{1}{\rho}\nabla_y(p) + \mathcal{L}(\gamma, v) + F_y \tag{5.5}$$

と，z 方向の NS 方程式は

$$\frac{\partial w}{\partial t} = C(w) - \frac{1}{\rho}\nabla_z(p) + \mathcal{L}(\gamma, w) + F_z \tag{5.6}$$

と表せます．

5.2 計算スキーム（SMAC 法）

上で見てきた非圧縮流れについての四つの方程式のうち，式 (5.4), (5.5), (5.6) では u, v, w について時間変化の項（非定常項）が明確で，$\partial u/\partial t = \cdots$ の形の式になっています．もし，支配方程式に $\partial p/\partial t = \cdots$ の形の式があれば，陽的に

[†] 非圧縮流れの仮定のもとでは，密度は一定値となります．

u, v, w, p を求めていけるのでしょうが，残念ながら残る一つの支配方程式である連続の式 (5.3) は，そのような形になっていません．そこで，連続の式をどのように適用して次の時刻の流れ場を得るかについて，さまざまな手法（スキーム，scheme）が提案されています．

最初に，このようなスキームの一つとして広く用いられている，SMAC 法を説明します．この "SMAC" とは，"simplified marker and cell" の略です[†]．

説明のために，3 次元の NS 方程式 (5.4), (5.5), (5.6) をまとめて

$$\frac{\partial \mathbf{v}}{\partial t} = f(\mathbf{v}, p)$$

と略して書きます．ここでは，u, v, w をベクトル $\mathbf{v}$ にまとめて表現しています．

ここで，速度に関して陽的に時間差分し，圧力に関しては陰的に時間差分するように時間方向の離散化を行うと，上の式を次のように書けます．

$$\frac{\mathbf{v}^{[m+1]} - \mathbf{v}^{[m]}}{\Delta t} = f(\mathbf{v}^{[m]}, p^{[m+1]}) \tag{5.7}$$

このようなやり方は，式の一部を陽的に，一部を陰的に扱うことから，半陰解法とよばれます．

SMAC 法では，この式 (5.7) を以下の手順で解きます．

■ ステップ 1　時刻 $m\Delta t$ における（既知の）圧力 $p^{[m]}$ と速度 $\mathbf{v}^{[m]}$ を用いて，式 (5.7) の右辺を評価し，

$$\mathbf{v}^* = \mathbf{v}^{[m]} + f(\mathbf{v}^{[m]}, p^{[m]}) \Delta t \tag{5.8}$$

のような仮の解 $\mathbf{v}^*$ を求めます．この手順を SMAC 法の第 1 ステップとよびます．

ここで「仮の解」といっているのは，上の式 (5.8) の解と，スキームの式 (5.7) の解とは異なるためです．数値シミュレーションにおいては，スキームの式に従って得られる解のことを「正しい解」とよぶことがあります．

■ ステップ 2　圧力項が圧力について線形であることと式 (5.7), (5.8) から，p の変化量を

$$\Delta p \equiv p^{[m+1]} - p^{[m]} \tag{5.9}$$

として

[†] SMAC 法の前に MAC 法が提唱されています．

$$\mathbf{v}^{[m+1]} = \mathbf{v}^* + f(0, \Delta p)\Delta t \tag{5.10}$$

と書けます．

　この式の右辺第 2 項では圧力項だけを考えることになるので，関数 $f()$ を使うのをやめて直接書き下しましょう．すでに定義した関数 $\nabla()$ を用いると，式 (5.10) は

$$\mathbf{v}^{[m+1]} = \mathbf{v}^* - \frac{\Delta t}{\rho}\nabla(\Delta p) \tag{5.11}$$

となります．

　この式の両辺に関数 $D()$ を作用させると

$$D(\mathbf{v}^{[m+1]}) = D(\mathbf{v}^*) - \frac{\Delta t}{\rho}D(\nabla(\Delta p))$$

となります．右辺第 2 項は，式 (5.1) から関数 $\mathcal{L}()$ で置き換えられるので，

$$D(\mathbf{v}^{[m+1]}) = D(\mathbf{v}^*) - \frac{\Delta t}{\rho}\mathcal{L}(\Delta p)$$

と表せます．この式の左辺は，時刻 $(m+1)\Delta t$ において連続の式が成立するときは 0 となるべきです†．よって，以下の式が成立します．

$$\mathcal{L}(\Delta p) = \frac{\rho}{\Delta t}D(\mathbf{v}^*) \tag{5.12}$$

これは，Δp についてのポアソン方程式の形となっています．

　この式の右辺にある $D(\mathbf{v}^*)$ を求める作業を，SMAC 法の第 2 ステップとよびます．

- **ステップ 3**　式 (5.12) のポアソン方程式を解く作業を，SMAC 法の第 3 ステップとよびます．
- **ステップ 4**　式 (5.12) を解いて得られた Δp を式 (5.9) に代入すれば，次の時刻の圧力 $p^{[m+1]}$ を得ることができます．また，式 (5.10) から次の時刻の正しい速度 $\mathbf{v}^{[m+1]}$ を求められます．これらの手順を第 4 ステップとよびます．
- **繰り返し**　この 1 から 4 までのステップ（手順）を繰り返せば，p, u, v, w の時間変化を求めることができます．

実際に SMAC 法を使うときには，第 1 ステップでクランク–ニコルソン法を使ったり，アダムス–バッシュフォース法 (Adams–Bashforce method) とよばれ

---

† 右辺の第 1 項も 0 に近いですが，u^* は「正しい解」ではないので，0 になるとは限りません．

る高精度積分を使うなど，さまざまな選択肢があります．

後に示す例では，NS方程式の粘性項の評価をはじめは単純なオイラー陽解法で，後には安定なオイラー陰解法で解きます．また，対流項については1次風上差分法を用います．

なお，式(5.12)を完全に解ききることは実際は難しく，Δpに若干の誤差が残ります．このため，連続の式を完全に0にできずに次の時刻に進むことになりますが，SMAC法やそれに類似の手法では，それでも安定に計算できることがわかっています．

5.3 MAC系列の計算スキーム

SMAC法に近い手法として，プロジェクション法，フラクショナルステップ法，HSMAC法がよく使われています．これらはまとめてMAC系列のスキームとよばれることがあります（これらの源流であるMAC法は，最近はあまり使われることがないようですので，ここでは説明を省略します）．

これらの手法はどれも半陰解法であり，圧力の方程式を完全に解かなくても，ある程度の連続の式の誤差を許容しながら，安定に計算が進行します．

5.3.1 ● プロジェクション法

プロジェクション法（projection method，射影法）では，まず圧力を無視し，速度について陽的に評価して，

$$\frac{\mathbf{v}^* - \mathbf{v}^{[m]}}{\Delta t} = f(\mathbf{v}^{[m]}, 0)$$

として仮の解$\mathbf{v}^*$を求めます．これは連続の式を満たしていないため，次のような反復計算により，速度と圧力を同時に修正します．

$$\mathbf{v}^{[k+1]} = \mathbf{v}^* - \frac{\Delta t}{\rho}\nabla(p^{[k]})$$
$$p^{[k+1]} = p^k - \epsilon\rho D(\mathbf{v}^{[k]})$$

ここで，kは反復回数，ϵは緩和係数です．$p^{k+1} \fallingdotseq p^k$のように収束した時点で，$D(\mathbf{v}) \fallingdotseq 0$となり，連続の式を満たすことになります．

5.3.2 ● フラクショナルステップ法

フラクショナルステップ法 (fractional-step method) は，圧力項を 0 として近似解 $\mathbf{v}^*$ を求めるところまではプロジェクション法と一緒ですが，圧力 p を求めるためにポアソン方程式

$$0 = \nabla \cdot \mathbf{v}^* - \frac{\Delta t}{\rho} \nabla^2 (p)$$

を解き，これを用いて速度を修正します．人によっては，この方法をプロジェクション法とよんでいる場合があります．最近は，SMAC 法よりもフラクショナルステップ法のほうが論文などで使われることが多いようです．

ただし，フラクショナルステップ法で $\mathbf{v}^*$ を計算するときには，式に圧力項が含まれていないので，速度の境界条件では，そのことを考慮した別の境界条件式を与える必要があります．一方 SMAC 法では，式 (5.8) において速度の境界条件を考えるときに，式 (5.10) と同じ式を使うことができます．またこのとき，壁面の速度についてはディリクレ条件となり，安定性が増すことが期待できます．

なお，SMAC 法やフラクショナルステップ法のように，ポアソン方程式を解く形の解き方には，すでに研究されている高速な求解法を利用できるという利点があります．

5.3.3 ● HSMAC 法

SOLA 法とよばれることもある HSMAC 法 (highly simplified maker and cell method) では，まず，SMAC 法の第 1 ステップの式 (5.8) と同様に速度と圧力について陽的に評価して，

$$\frac{\mathbf{v}^* - \mathbf{v}^{[m]}}{\Delta t} = f(\mathbf{v}^{[m]}, p^{[m]})$$

として仮の解 $\mathbf{v}^*$ を求めます．

SMAC 法とは異なり，HSMAC 法ではポアソン方程式を直接には解きません．その代わりに，式 (5.12) のラプラシアン $\mathcal{L}(\Delta p)$ を，次のように近似します（これは優対角近似とよばれています．以下，2 次元の場合の式を示します）．

$$\begin{aligned}
\mathcal{L}(\Delta p) &= \frac{\Delta p_{i-1,j} - 2\Delta p_{i,j} + \Delta p_{i+1,j}}{\Delta x^2} + \frac{\Delta p_{i,j-1} - 2\Delta p_{i,j} + \Delta p_{i,j+1}}{\Delta y^2} \\
&\approx \frac{-2\Delta p_{i,j}}{\Delta x^2} + \frac{-2\Delta p_{i,j}}{\Delta y^2}
\end{aligned}$$

すると式 (5.12) は，次のような式に近似できます．

$$\left(\frac{-2}{\Delta x^2} + \frac{-2}{\Delta y^2}\right)\Delta p = \frac{\rho}{\Delta t}D(\mathbf{v}^*)$$

そこで，k 回目の繰り返し計算として，

$$\Delta p^{[k]} = \rho \frac{-D(\mathbf{v}^{[k]})}{2\Delta t\{(1/\Delta x^2) + (1/\Delta y^2)\}} \tag{5.13}$$

とします．繰り返しの初期値は $\mathbf{v}^0 = \mathbf{v}^*$ のように与えます．

速度の修正は，式 (5.11) と同様に

$$\mathbf{v}^{[k+1]} = \mathbf{v}^{[k]} - \frac{\Delta t}{\rho}\nabla(\Delta p^{[k]}) \tag{5.14}$$

とします．圧力も次のように修正します．

$$p^{[k+1]} = p^{[k]} + \Delta p^{[k]} \tag{5.15}$$

式 (5.13), (5.14), (5.15) の計算を繰り返します．$|\Delta p^{[k]}|$ の最大値あるいは総和が一定値以下になれば，収束したとして繰り返しを打ち切ります．繰り返し計算を打ち切った時点での流速と圧力を，そのまま次の時刻の値とします．これが HSMAC 法の基本的なやり方です．

実際の HSMAC 法では，上のやり方を改良して収束を加速させるのが普通です．まず，圧力変化は $1 \leq \beta \leq 2$ の範囲の加速係数 β を用いて

$$\Delta p^{[k]} = \beta\rho \frac{-D(\mathbf{v}^{[k]})}{2\Delta t\{(1/\Delta x^2) + (1/\Delta y^2)\}} \tag{5.16}$$

とします．また，速度については全体を一度に修正するのではなく，上の圧力変化を求め次第，そのノードの周辺の流速をすぐに修正し，$\Delta p^{[k]}$ の計算ではつねに最新の速度の値を使うようにします．

この繰り返し計算は，陽的に，かつ注目しているノードの周辺だけの計算として計算できるので，ベクトル計算あるいは並列計算にうまく適合すると，高速に解を得られる可能性があります．

5.4 スタガード格子

5.4.1 ● スタガード配置

流れの計算では，スタガード (staggered)† とよばれるやや風変わりな変数の定義位置の決め方が，しばしば用いられます．これを，2次元空間の場合を例にして説明します．

まず，計算領域を同じ大きさの均等な長方形形状に分割します．この小さな長方形をセル (cell)，あるいは格子セルとよびます（図 5.2 参照）．これ以降，セルの境界を図のような破線で表すことにします．

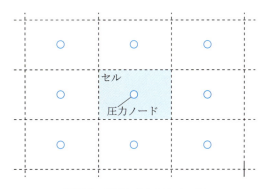

図 5.2　格子セルと圧力ノード

このセルの中央に計算のノード点を一つずつ設置すると，これらのノード点は格子状に規則正しく並びます．圧力や乱流量などのスカラー量は，このセルの中央のノードの位置で定義します．以降，このようなノードを圧力ノードとよぶことにします．圧力ノードには（必要な場合には）添字 P を付けて区別します．

一方で流速ベクトルについては，その成分に応じて定義位置を変更し，圧力ノードの中間，すなわちセルの端の位置で定義します．2次元計算の場合，圧力ノード ○ に対して，速度ノードを図 5.3 の □ の位置で定義します．このようなノード位置の決め方をした計算格子を，スタガード (staggered) 格子とよびます．

本書では，この圧力ノードのスタガード位置を $[i,j]$ としたとき，その右側の速度ノードの位置を $[i,j]$，上の速度ノードの位置を $[i,j]$ のように定義します．なお，図 5.3 とは異なるインデックスの付け方をしている教科書もあるので注意してくだ

---

† "staggered" には「少しずらして並べられた」という意味があります．

68 ■ 第 5 章 流れ解析の手法

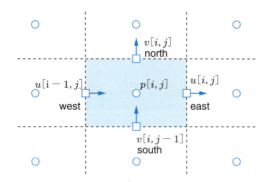

図 5.3 スタガード格子におけるノードの配置

さい．

スタガード格子系における記号を，次のように決めます（2 次元の系の場合）．

図 5.3 において，圧力 $p[i,j]$ の位置に対して，速度 $u[i,j]$ の位置を "east" あるいは "e" とよび，添字 e を付けます．同じセルの逆側の速度 $u[i-1,j]$ の位置は "west" あるいは "w" とよびます．同様に，速度 $v[i,j]$ の位置を "north" あるいは "n" とよび，$v[i,j-1]$ の位置を "south" あるいは "s" とよびます．3 次元の場合には，z 方向にずれた位置をそれぞれ "upper"，"lower" とよびます．

格子系とインデックスの例を図 5.4 に示します．計算領域は，図中に水色で示さ

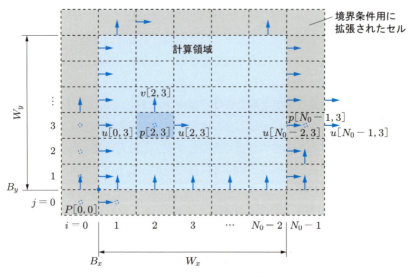

図 5.4 スタガード格子と計算領域

れた，x 方向の幅 W_x，y 方向の幅 W_y の範囲とし，(B_x, B_y) の位置が左下の青丸の位置としています[†1]．この計算領域の周辺 1 列に境界条件用のセルを追加します．

　スタガード格子は，次に示すように，計算の安定性向上のための手法です．また連続の式の物理的な意味と，その差分法での表現がよく一致するようになります．一方で，このようなスタガード格子はソースコードが複雑になってしまうため，これを使わない方法も研究されています（5.4.2 項の補足を参照）．

5.4.2 ● スタガード格子におけるスプリアス振動の抑制

　スタガード格子が計算の安定に役立つ仕組みを，簡単のために 1 次元の系で考えてみましょう．SMAC 法の説明と照らし合わせながら，以下の説明を読んでください．後の説明で使うため，式 (5.12) のポアソン方程式の右辺を

$$D^* \equiv \frac{\rho}{\Delta t} D(u^*) = \frac{\rho}{\Delta t} \frac{\partial u^*}{\partial x}$$

と定義しておきます．

　図 5.5 のように，時間ステップ n における圧力に，1 ノードごとの振動が発生したとします[†2]．このような振動をスプリアス (spurious) 振動とよびます．SMAC 法での u^n は一定であったとすると，圧力勾配の影響を受けて，スタガード位置における速度の仮の解 u^* には，図の 2 段目のような振動が発生します．

　これを受けて，SMAC 法の第 2 ステップにおいて，圧力と同じ位置で定義される D^* にも振動が生じ，第 3 ステップでポアソン方程式 $\mathcal{L}(\Delta p) = D^*$ を解いて得られる Δp には，図の 4 段目のような p^n と逆方向の振動が生じます．第 4 ステップでこの Δp と p^n を加算すると，p に生じていた振動がキャンセルされます．さらに，Δp の影響を受けて，u^{n+1} の振動も消えてしまいます．

　圧力 p が一定で，速度 u^* に不連続が生じた場合には，図 5.6 のような段階を経て，不連続が解消されます．

　このように，スタガード格子では，特別な細工をしなくてもスプリアス振動が自動的に解消され，計算を安定に進められるようになります．

[†1] この本の中では，$B_x = B_y = 0$ に固定しておきます．
[†2] ごく小さな振動でも，それが発達すると最終的には大きな値の振動になりえます．

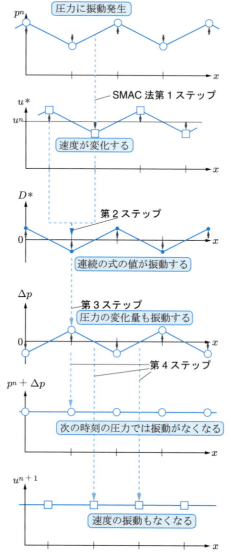

図 5.5 スタガード格子における圧力振動抑制のしくみ

📢 補足 ≋

非スタガード格子でのスプリアス振動抑制

スタガード格子と異なり，速度と圧力を同じ位置で定義する格子は，コロケート (colocate) 格子とよばれます．この格子において，圧力項を中心差分で評価すると，i 番目のノードでは圧力 $p[i+1]$ と $p[i-1]$ とが計算に用いられますが，$p[i]$ の値は使われま

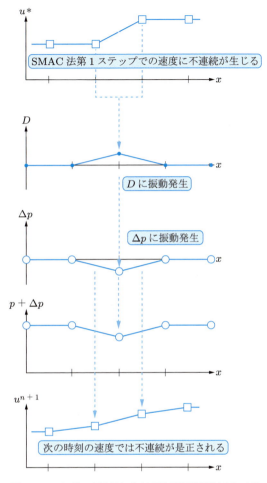

図 5.6 スタガード格子における速度振動抑制のしくみ

せん．このため，スプリアス振動が生じても計算には直接影響しません．そのため振動を抑制できず，最後には計算が発散してしまうことがあります．このような場合に振動を抑制する方法の一つとして，連続の式の誤差値 D を求める際に，スタガード位置での速度を補正することでスプリアス振動を除去する方法を紹介します．この方法は，Rhie と Chow[2] の手法に準じた手法を用いています．もともとの Rhie と Chow の手法は SIMPLE 法を用いた定常解法を想定しているのですが，ここではそれを SMAC 法でも使えるようにアレンジし，1 次元の場合を例にとって説明します．

連続の式の誤差量 D を，スタガード位置における速度 u_e および u_w を用いて

$$D = \frac{\partial u}{\partial x} \approx \frac{u_\mathrm{e} - u_\mathrm{w}}{\Delta x}$$

のようにして求めます．コロケート座標系ではスタガード位置 e, w での速度は不明であるので，これを推定しなくてはならないわけですが，これを単に

$$u_e = \frac{1}{2}(u[i] + u[i+1])$$

のように単純平均で求めただけでは，スプリアス振動を検知できません．そこで，

$$u_e = \frac{1}{2}(u[i] + u[i+1]) + \frac{\Delta t}{\rho}\left(\nabla^A p - \nabla^B p\right) \tag{5.17}$$

のように，速度に対して p の差分評価を加減するような補正を行います．実際には，$\nabla^A p$ は i と $i+1$ における p の中心差分の平均値

$$\nabla^A p = \frac{1}{2}(\nabla p[i] + \nabla p[i+1])$$

であり，$\nabla^B p$ は i と $i+1$ の間の 1 次差分値

$$\nabla^B p = \frac{p[i+1] - p[i]}{\Delta x}$$

とします．

p が十分に滑らかな分布をしていれば，これらはほぼ一致し，補正量はほぼ 0 です．一方で，p に 1 グリッドごとの振動（スプリアス振動）が生じた場合には，この補正項（とくに $\nabla^B p$）は 0 ではなくなります．これらから求めた D に振動が生じ，結果として P の振動を打ち消すようなフィードバック作用がはたらきます．

∇^A の項は，$u[i], u[i+1]$ において中心差分で評価された圧力項でした．上の操作は，これらをキャンセルして，i と $i+1$ の中間における圧力項 ∇^B を評価しなおしたことに相当すると考えてよいでしょう．

この方法を実際に試してみたところ，ある程度の抑制はできましたが，極端な不連続ではスプリアス振動を抑えきれないこともありました．振動抑制の観点からは，スタガード格子系はとても強力な手法といえます．

問題 5.1

スタガード格子の振動抑制について，以下の問いに答えなさい．なお，流体の密度は ρ とし，格子間隔はすべて Δx，時間ステップは Δt とします．また外力の影響は無視します．

(1) 図 5.3 の格子において，速度ノード $u[i,j]$ の位置における NS 方程式の圧力項

$$-\frac{1}{\rho}\frac{\partial p}{\partial x}$$

を，有限差分法の形式で離散化した式を示しなさい．
(2) 図 5.3 の速度ノード $u[i,j]$ の位置における速度 v の値を 1 次内挿式で表しなさい．
(3) 1 次元の系における図 5.5 に紹介したスプリアス振動抑制の効果を，以下の手順に

基づいて**定量的**に確かめなさい.

(a) 図 5.7 の一番上の p^n のスプリアス振動の振幅が a であったとします. u^n は一定であったとして, SMAC 法の第 1 ステップの結果として u^* には振動が生じます. スタガード位置 (i) における u^* の振動の片側振幅 b を, 式で示しなさい (a の値を使ってよい). (ヒント: u^n が一定なので対流項と粘性項は 0 になります)

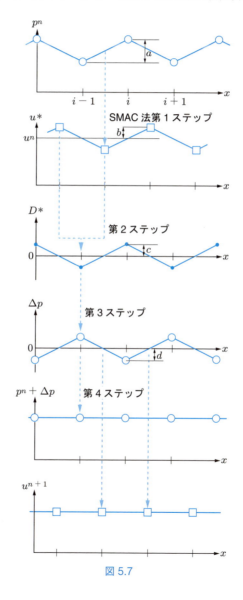

図 5.7

(b) u^* に振動が生じた結果，SMAC 法の第 2 ステップで計算される D^* にも振動が生じます．圧力ノード i を中心とするセルにおける D^* の値を求めなさい（b の値を使ってよい）．

(c) SMAC 法の第 3 ステップのノード i におけるポアソン方程式を，有限差分法の形で示しなさい．このとき，ノード $i, i+1, i-1$ の各ノードにおける Δp はそれぞれ $\Delta p_i, \Delta p_{i+1}, \Delta p_{i-1}$ と表しなさい（b の値を使ってよい）．

(d) ポアソン方程式を解いた結果，図 5.7 にあるように Δp に片側振幅 d の振動が生じたとします．このとき，ポアソン方程式から d の値を求めなさい（回答に b を使わないこと．a の値は使ってよい）．

(e) この Δp を p^n に加算したとき，$p^n + \Delta p$ が一定になることを示しなさい．

(f) このとき，SMAC 法の第 4 ステップにおいて，u^{n+1} には振動がなくなることを示しなさい．

5.5 境界条件

5.5.1 境界条件とは

　計算の対象としている領域の端の部分や，計算領域の中に存在する固体領域などの場所を「境界 (boundary)」とよびます．この部分では，ほかの領域とは計算の方法が異なります．その特別な関係式を，**境界条件 (boundary condition)** とよびます．この節では，境界条件とその具体的な式を考えます．

　境界条件には，大きく分けて**ノイマン (Neumann)** 型と**ディリクレ (Dirichlet)** 型があります．ディリクレ型は値そのものが設定されるもので，たとえば速度が決まっている境界では，速度の値そのものが $u = 1.2$ のように固定されます．ノイマン型は値の勾配（変化率）が指定されるもので，たとえば壁面では壁面に垂直な方向の圧力の勾配が 0 になるとすれば，壁面の法線方向を n として

$$\frac{\partial p}{\partial n} = 0$$

のような条件式を課します．

　流れ場の内部については，有限差分法で支配方程式を離散化していけば，ある程度自動的に式を立てられますが，境界条件の与え方については，CFD の教科書などでもあまりはっきり書いてないことが多いです．しかし境界条件を適切に定めることは非常に重要です．筆者も，簡単な例ではうまく解けたのに，少し複雑な状況で計算が不安定になる，という経験をしたことがありますが，その原因は不適切な

境界条件を設定していたことでした．

本来であれば，速度 u, v, w と圧力 p 以外にも，（後述する）乱流量や液体比率などについて，それぞれの境界条件式を考える必要がありますが，ここでは速度と圧力の境界条件だけを説明します．図 5.1 の流れを想定して説明しますが，それ以外の境界条件にも触れます．

以下では，境界条件を与えるノードを 境界ノード (boundary node) とよび，通常の流体部分のノードを 通常ノード (normal node) とよぶことにします．

5.5.2 ● 速度指定 (VFIX) 境界条件

流速を直接指定する境界条件を，ここでは VFIX 境界とよぶことにします．この VFIX 境界を与えるノード付近の例を，図 5.8 に示します．

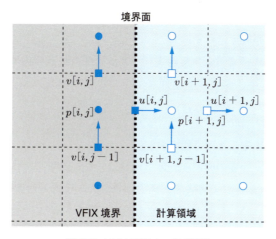

図 5.8　VFIX 境界ノードの周辺

境界面は圧力ノードの位置ではなく速度ノードの位置，すなわちセルの端にあるものとします．図 5.8 の太い破線が，この例での境界面にあたり，境界面の法線方向が x 方向となります．

この境界面の右側が計算領域，左側は領域外すなわち境界部分です．図の○や□は通常ノード，●や■に塗りつぶしてある $u[i,j]$, $v[i,j]$, $p[i,j]$ などは境界ノードです．

このような境界において，速度と圧力の境界条件式を定めてみましょう．

速度の境界条件式

VFIX 境界では,速度がディリクレ条件として指定されているので,その値に流速を設定すればよいだけです.

圧力の境界条件式

VFIX 境界面での圧力については,速度場の状態に応じて圧力が変わるため,圧力値そのものを決めることができません.つまり,ディリクレ条件を与えることは一般的にはできません.そこで,ノイマン条件として,境界面に垂直な方向の圧力の勾配 $\partial p/\partial x$ を境界値として与えることになります.

この勾配値の決め方は,単に $\partial p/\partial x = 0$ としてしまう人や,境界面付近の流れ場から決まる圧力勾配を外挿して境界値に使う人もいて,いろいろです.このように境界における明確な式が存在しない場合には,**境界の状況に支配方程式を当てはめて得られる関係式を用いて境界値を決める**のがよいといわれています.以降では,この方法で境界値を定めてみます.

流れの支配方程式に立ち返ってみましょう.支配方程式の中で $\partial p/\partial x$ が明示されているのは,u についての NS 方程式だけです.幸いなことに,この式

$$\frac{\partial u}{\partial t} = C(u) - \frac{1}{\rho}\frac{\partial p}{\partial x} + \mathcal{L}(\gamma, u) + f_x$$

から境界条件を求めることは可能です.

VFIX 条件では,速度の時間変化は(通常は)ないので,NS 方程式の非定常項 $\partial u/\partial t$ は 0 となります[†].このとき,圧力項以外の項である対流項,粘性項,外力項は,現在の時刻 $m\Delta t$ における速度分布から計算できるので,

$$\frac{\partial p}{\partial x} = \rho\left(C(u^m) + \mathcal{L}(\gamma, u^m) + f_x^m\right)$$

のように圧力勾配 $\partial p/\partial x$ の値を求められます.この勾配値を,ノイマン条件の境界値として使えばよいことになります.

ところで,スタガード格子系では,一種の「手抜き」ができます.

図 5.8 で,VFIX 境界である圧力ノード $p[i,j]$ と通常ノードである $p[i+1,j]$ との間に挟まれた速度ノード $u[i,j]$ は VFIX の境界ノードであり,その速度はすでにわかっているので,$u[i,j]$ については計算をする必要がありません.一般に,圧力 $p[i,j]$ の値は流速 $u[i,j]$ に影響を与えることができますが,この場合は $p[i,j]$ の

[†] 非定常項が 0 でない場合は,それは境界条件として与えられるべきともいえます.

値に関係なく，$u[i,j]$ は一定値です．このため，$p[i,j]$ の値は何であっても結果には影響しない[†1]といえます．このことから，単に $p[i+1,j]$ の計算に影響を与えないよう，$p[i,j]$ には傾き 0 のノイマン条件

$$\frac{\partial p}{\partial x} = 0$$

を適用すればよいのです．

なお，スタガード格子ではなくコロケート格子を使う場合には，このような手抜きはできず，きちんと圧力勾配を計算して $p[i,j]$ を決める必要があります．

粘性計算のときの境界値

オイラー陰解法で粘性項を評価する際には，粘性計算での速度変化を δu としたとき，δu の境界における境界条件の式を与えなくてはなりません．上に示したように，VFIX 境界面での速度は変化しないので，たとえば速度成分 u については

$$\delta u = 0$$

とします．v, w についても同様です[†2]．

5.5.3 ● 固体壁面 (WALL) 境界条件

静止している固体壁面の境界を，WALL 境界とよぶことにします．図 5.9 の太い破線が WALL 境界面であるとすると，今度は，境界面の法線方向が y 方向になっています．図中の境界面より上側が計算領域，下が境界領域であるとして，説明します．

速度の境界条件式

図 5.9 の $v[i,j]$ のように，速度ノードが WALL 境界面に一致しているときは，

$$v[i,j] = 0$$

と，その速度成分を 0 に固定します．このような場合を，"ON-WALL" の状態とよぶことにします[†3]．

[†1] この $p[i,j]$ の値は，$u[i,j]$ のほかにもいくつかの速度ノードで圧力項の計算に使われる可能性がありますが，それらの速度ノードはすべて境界ノードとなっています．

[†2] NS 方程式を解くときには，粘性項だけではなく圧力項や外力項なども含めて $\delta u = 0$ となるので，注意が必要です．これはこの節の最後で説明します．

[†3] ちょうど一致はしない場合や，格子に対して壁面が斜めになる場合については 9.3 節で解説します．

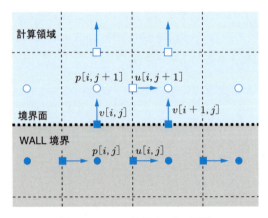

図 5.9 WALL 境界ノードの周辺

　一方，図 5.9 の中の $u[i,j]$ のように，WALL 境界面から離れた位置（固体内部）に境界の速度ノードが存在しているときは，単に "WALL" とよびます．この WALL のノードでは，$u[i,j+1]$ と $u[i,j]$ の間で速度を 1 次近似で内挿したときに，境界面上でちょうど $u=0$ となるように，

$$u[i,j] = -u[i,j+1]$$

と境界の流速を設定することが多いですが，2 次元チャネル流れ（層流）の理論解では，u は y の 2 次式に比例するので，この式では壁面での摩擦応力が正しく評価されません．また，後に示すように，乱流の場合は，そもそもこの式では壁面せん断応力が正しく評価できません．したがって，単に

$$u[i,j] = 0$$

としてもあまり精度は変わりませんし，このほうが安定になります．6 章以降で扱うソースコードでは，このやり方を選択しています．
　より精度を上げるために，もっと高次の内挿式を使って境界値を決めることもできますが，計算が不安定になることがあるので，1 次式あるいは定数で境界値を決めるほうが無難です．

圧力の境界条件式

　圧力の境界ノードと圧力の通常ノードとの間には固体壁面境界面が必ず存在し，そこに ON-WALL の速度境界ノードが存在します．
　ON-WALL での流速はつねに壁面の速度に等しく，その値もわかっているので，

VFIX の場合と同様に傾き 0 のノイマン条件を圧力の境界条件として課せばよいことになります。図の例では，$p[i,j]$ の値を $p[i,j+1]$ の値と同じにします．

粘性計算のときの境界値

ON-WALL の場合には壁面での速度が固定されているので，VFIX と同様に，粘性計算の際の速度の変化量を $\delta u = 0$ とします．

WALL 境界では，粘性項だけを考えるとノイマン条件，たとえば $\partial(\delta u)/\partial y = 0$ のような式を与えるべきでしょう．しかし実際に計算をさせてみると，しばしば不安定となります．陰的オイラー法は完全安定のはずですが，境界では安定性の計算が例外となります．境界条件にノイマン条件が多く含まれるとき，とくに速度の初期値が不適切であるときには，不安定となることがあります．

壁面では，流速が 0 であることから対流項も 0 となるので，速度が一定ということは外力と圧力項と粘性項の和が 0 である必要があります．そこで陰的オイラー法で粘性項を扱う場合，SMAC 法の第 1 ステップにおいて，まず外力項と圧力項を評価して δu を求め，次に粘性項を陽的オイラー法で加算し，その和に対して陰的オイラー法で修正をするのがよいでしょう．こうすると WALL 境界では，$\delta u = 0$ と安定なディリクレ条件を，陰的オイラー法で用いることができます．

5.5.4 ● 圧力固定 (PFIX) 境界条件

境界ノードにおける圧力値を指定する境界を，PFIX 境界とよぶことにします[†]。

このときのノードの状態の例を図 5.10 に示します．図では，境界領域は境界面の右側，計算領域は境界面の左側です．これまでと同様，境界面の上にある速度ノードは境界ノードとしています．

速度の境界条件としては，主流の x 方向のノイマン条件

$$\frac{\partial u}{\partial x} = 0, \quad \frac{\partial v}{\partial x} = 0$$

を課します．つまり，$u[i,j]$ の速度はすぐ内側の通常ノード $u[i-1,j]$ の値と同じ値とし，また $v[i+1,j]$ も内側の $v[i,j]$ と同じ値とします．

図 5.10 の圧力の境界ノードの位置が，これまでとは違うことに注意してください．これまでの境界では，境界面の外側のノードが境界ノードとなっていました

[†] 平均圧力を指定しているのではなく，圧力値を直接に指定するので，圧力に分布があっても問題ありません．

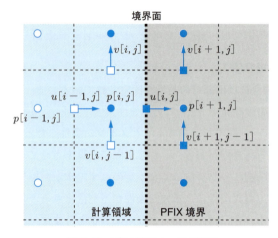

図 5.10 PFIX 境界ノードの周辺

が，PFIX 境界では，境界面の一つ内側の $p[i,j]$ が圧力の境界ノードになっています．

これは，$p[i,j]$ を通常ノードとすると，計算が不安定になる場合があるためです．速度ノード $u[i,j]$ は境界ノードであり，値が境界条件から決定されるときに圧力項を評価していません．もし $p[i,j]$ が通常ノードであったら，$u[i,j]$ についての圧力勾配 $(p[i+1,j]-p[i,j])/dx$ は計算されず，そのために境界値 $p[i+1,j]$ は計算に反映されにくくなります（境界条件としては評価されますが，計算途中での誤差の集積などに非常に弱くなります）．図 5.10 の配置であれば，境界圧力をもつ $p[i,j]$ の値が，周囲の速度ノードの圧力項に直接反映され，結果として解が安定するものと考えられます．なお，このやり方はあくまで一例であり，もっとよいやり方があるかもしれません．

圧力は，非圧縮流れ解析においては差だけが問題になることが多いです（基礎方程式には圧力の微分の形しかないため）．そのため，境界領域のどこかで圧力を指定しないと，全体の圧力がずるずると変化して一定に定まらない可能性があります．

5.5.5 ● 孤立 (ISOLATED) 境界条件

実際の計算の過程では，角部のノードのように，計算領域外にあってほかのノードから参照されることがないノードが存在します．このような，計算にはまったく関与しないノードは "ISOLATED" として区別します．

5.5.6 ● 対称 (SYMM) 境界条件

ある境界面を挟んで速度および圧力が対称 (symmetric) となる条件を，SYMM境界条件とよぶことにします．これは，2次元の流れ場を解く場合などに用います．「滑り壁 (slip wall)」とよばれることもあります．

VFIXなどと同様，圧力については境界面での勾配を0とします．

速度については，境界面に垂直な速度成分が0になるようにします．境界面に平行な速度成分があっても，それはSYMM境界では正しい状態です．

5.5.7 ● 対流流出 (COUT) 境界条件

CFDでは，明確な境界条件が設定できるところまでを計算領域とするのが望ましいです．たとえば，図5.11のようにチャネルの中に角柱がある場合，角柱から発生する渦は下流側へ減衰しながら流れていきます．この渦が十分に減衰し，発達流れにほぼ戻るまで（図の断面Aまで）を計算領域とするのが原則になります．この断面Aでは，圧力はほぼ一定，流速も発達した速度分布に戻っているはずです．

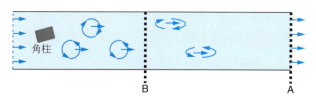

図 5.11　境界位置の例

ですが，計算時間やメモリなどの関係で，まだ流れが変動しているところ，たとえば図の断面Bの位置までしか計算できない場合があります．また，乱流の場合には渦はつねに存在しているので，Aの位置であっても流速や圧力を（厳密には）固定できません．このような状況で，断面Bで圧力固定や流速固定の境界条件を与えると，計算結果が実際の流れとは異なってしまうことがあります．たとえば，渦の中心は周囲より圧力が低くなるはずなので，圧力が固定された境界面を渦が通過するときに，渦の挙動が変わってしまったり，場合によっては渦がここで消えてしまったりすることもあります．すると，その影響は上流側にも波及し，結果として実際とは違う流れが計算されてしまいます．そのため，境界面を横切る流速分布を指定することが難しかったり，時間とともに速度が変わったりするような場合には，速度固定条件や圧力固定条件を用いることができません．

解決策の一つとして，渦を境界面からスムーズに流出させるための境界条件を検討する研究が行われており，主流速度を指定した対流流出境界（COUT 境界）条件が有効であることが示されています（図 5.12 参照）．

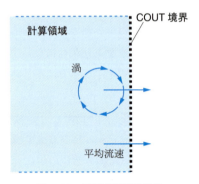

図 5.12 対流流出境界条件

境界での速度について，あらかじめ平均流速 U_i ($i = 0, 1, 2$) を指定して，この平均流速による対流方程式

$$\frac{\partial f}{\partial t} + U_0 \frac{\partial f}{\partial x_0} + U_1 \frac{\partial f}{\partial x_1} + U_2 \frac{\partial f}{\partial x_2} = 0 \tag{5.18}$$

を境界式に用います．この平均流速 U_i は，境界面上で一定であるとします．このとき，上流端と下流端で流量が同じになるように，平均流速を設定しなければなりません．

f は u_0, u_1, u_2 のいずれかです．たとえば，$f = u_b$ のとき，時刻 $(m+1)\Delta t$ の境界での速度 $u_b^{(m+1)}$ は

$$u_b^{(m+1)} = u_b^{(m)} - \Delta t \times \sum_{i=0}^{2} U_i \frac{\partial u_b^{(m)}}{\partial x_i}$$

から決めることができます．ただし，右辺の微分は計算領域内側の片側差分で評価します．

圧力は VFIX と同様に設定します．粘性計算では WALL と同様に，圧力項と粘性項とが釣り合っているとみなして，速度変化を 0 とします．

5.5.8 ● 流量指定境界条件

指定断面の流量を与える境界条件を課すことがあります．この条件は，境界面の

速度分布や圧力分布があらかじめわからないときに利用できます.

ただし,逆流が発生すると不安定になることがあるため,流量と逆向きの速度にはならないようなリミッターを付けることがあります(市販ソフトの場合でも,このような制限を付けているものがあります).

本章のまとめ

- 非圧縮流れを解くためのスキームについて学びました.
- スタガード格子が計算を安定化させるしくみを学びました.
- 境界条件の設定について学びました.

第6章 流れ計算の実装

この章では,図 5.1 の 2 次元チャネル流れを計算するアプリケーションを実際に作ってみましょう.これまでと同様に,少しずつアプリケーションの部品(すなわち関数)を作り,それを組み合わせていきます.関数ごとに動作確認をすることで,バグの少ないソースコードが得られるはずです[†].

6.1 流れ解析アプリケーションの設計

6.1.1 ● 設計方針

これから作ろうとしているアプリケーションに,具体的にどんな機能をもたせるかについて,まとめておきます.こうしておくと,何を作るのかという具体的なイメージをもつことができます.今回は以下のようにしてみます.

- 2 次元チャネル流れのみを対象としますが,後で拡張できるようにします.
- 流れは 2 次元,層流,かつ非定常流れであると仮定します.
- 計算速度が多少遅くても気にしないことにします.
- 粘性項はオイラー陽解法,対流項は 1 次風上差分法と,簡単に実装できるものにします.後でよりよいものと取り替えます.
- 計算量の状態を確かめる関数などの支援関数も一緒に作ります.

理解を深めるため,この後に示される Python のソースコードも読みながら,自分でも作ってみることを勧めます.ソースコードがだんだんと長く複雑になっていきますが,それぞれの部品は比較的単純な状態を保つよう努力しています.

[†] ソフトウェアの設計においては,「ボトムアップ」「トップダウン」などとどの階層から設計するかが議論されていますが,実際に作る段階では,部品としての関数を確実に作っていくのが早道だと思います.

6.1.2 ● データ構造の設計

実際にソースコードを書き始める前に，変数を保持し，それを操作するためのデータ構造を設計します．

有限差分法を用いた流れシミュレーションを行うためには，計算領域の中にノードを規則的に配置し，そのノードにおいて速度 u, v, w や圧力 p などの離散データを扱えるようにする必要があります．それを可能にする方法として，以下の二つのやり方が考えられます．

①ノードごとのデータ構造を作る

データ構造を決めるときに，実際の状態を模したデータ構造を作るやり方が，よく使われます．流れ計算においては，各セルにおいて速度や圧力，定義位置などの情報を使うので，これらをひとまとめにして Python のクラスにして，

```python
class NodeType(object)
    def __init__():
        self.u = 1.0    # velocity component
        self.v = 0.0    # velocity component
        self.p = 0.0    # pressure

        self.x = 4.2    # position of the node
        self.y = 0.15
```

のように記述できます．クラスについてはここでは詳しくは説明しませんが，複数のデータと関数とに名前を付けてまとめたもの，と考えてください．上の例では，NodeType という名前のデータ型（クラス）を新しく定義し，一つのセルに u, v, p, x, y といった属性が含まれるとしています．

②各物理量を個別の配列として扱う

別のやり方として，u, p などの物理量をそれぞれ一つの配列とし，ノードの通し番号（インデックス，index）で参照する方法があります．

流れの計算では，一つの物理量だけを単独に扱うこともしばしばあり，また，配列としてまとめて関数に渡したい場合もあるので，今回はこの配列を使うデータ構造を採用します．

ノードのインデックス

以降の計算では，図 5.3 のように，2 次元の空間の中にノードを配置して計算を

行います．ここではじめて 2 次元の系を扱うので，その際のインデックスの扱い方を決めておきます．

　Python は，その言語の機能として 2 次元や 3 次元の配列を扱えます．しかし，高速計算のためにはできるだけ単純で連続的な配置にしておくのがよく，また 2 次元と 3 次元の系で関数をできるだけ共用できることが望ましいです．そこで，物理量 p, u, v, w などをすべて 1 次元の配列として扱うことにします．

　たとえば，2 次元問題で x 方向に n_0 個，y 方向に n_1 個のノードが並んでいるものとします．2 次元配列を使うと，x 方向に i 番目，y 方向に j 番目のノードの圧力は，p[i][j] あるいは p[i,j] と書けます．ですが，ここではインデックス n を用いて，1 次元配列 p[n] として扱います．この n は

$$n = i + j \times n_0 \tag{6.1}$$

と計算します．

　このノード n に対して x 方向に隣り合うノードのインデックスは，n + 1 か n - 1 になります．y 方向に隣り合うノードのインデックスは n + n0 か n - n0 です．このようなインデックスの決め方は，3 次元へも容易に拡張できます．

Column　言語と配列

　上で示したようなインデックスは，ソースコードを別の言語で書きかえる際に問題となることがあります．たとえば Fortran 言語で 2 次元配列 a[3][4] を使う場合と，C 言語で 2 次元配列 b[3][4] を使う場合とでは，配列の各要素の並び方が異なります．このため，Fortran 用に最適化されたソースコードをそのまま C 言語に翻訳した場合には，配列の要素のアクセスの順番が変わってしまい，メモリキャッシュがうまく機能せず，計算速度が落ちることがあります．こんな経験をした人の中には，「C 言語は計算に向かない」という極端な意見をもつようになってしまう人もいるようです．

　昔のコンパイラの性能が悪かったケースもあるかもしれませんが，言語の差をよく知って翻訳すれば，それほど大きな差は生じないというのが筆者の感覚です（ただし複雑な行列計算で添え字の順番を変えるようなことは非常に大きな変更になるので，自分では絶対にやりたくないですが）．

　ここで示したような 1 次元の配列として使うやり方であれば，実際のコンピュータのメモリでの配置と一対一の関係にあるので，ソースコードを Fortran にそのまま移植したとしてもアクセスの順番は変わらず，計算速度もほとんど同じになるでしょう．

　なお Python の NumPy の多次元配列は C 言語と同じ構造になっていますが，順番を変えられるなど，C 言語より柔軟な扱いができるようになっています．

6.2 流れ場データの実装

はじめに，流れ場のデータを扱うところから作り始めましょう．

6.2.1 ● 定数と変数の定義

流れ解析アプリケーションの全体で使う定数を，ファイル field.py の冒頭で定義しておきます．例によって，行番号が飛んでいるところは空白行として扱ってください．

コード 6.1　field.py: 流れ場データの準備 (Part1)

```
1  # @ Part1
2  import numpy as np
3
4  LIQUID = 0
5  PFIX_BC = 1
6  VFIX_BC = 2
7  WALL_BC = 3
8  ONWALL_BC = 4
9  ISOLATED_BC = 9
```

ソースコードの中で 3 と書かれていたときに，その数字の意味は不明確です．ですが，WALL_BC と書いてあれば，壁面境界のこととすぐにわかります．また，たとえば LIQUID に相当する数値を 0 から -1 にすることになっても，このように書いておけば，定義のところを修正するだけですみます．

これらの定数をほかのファイルの中で使うには（もう見慣れてきたと思いますが），インポートしておいて code = field.LIQUID のように使います．

同じ格子間隔をもつ，隣り合うノードの集団をまとめて，「フィールド」とよぶことにします．このフィールドの計算に必要な変数を，以下のようにまとめて定義しておきます．そして 13 行目で定義した関数 make_field() を呼び出すことで，離散計算に必要なフィールドのデータが用意され，使えるようになります．

コード 6.1　field.py (Part2)

```
12  # @ Part2
13  def make_field(m0, m1, wx, wy):
14      global n0, n1, nmax, area, density, gamma
15      n0 = m0
16      n1 = m1
```

```
17      nmax = n0 * n1
18      area = (wx, wy)
19      density = 1.0e3
20      viscosity = 1.0e1
21      gamma = viscosity / density
22
23      global dt, dx, dy
24      dt = 1.0e-2
25      dx = wx / (n0 - 1)
26      dy = wy / (n1 - 1)
27
28      global fp, fu, fv, dp, du, dv, fd
29      fp = np.zeros(nmax)              # pressure
30      fu = np.zeros(nmax)              # velocity u, in x direction
31      fv = np.zeros(nmax)              # velocity v, in y direction
32
33      dp = np.zeros(nmax)              # working array of delta-p
34      du = np.zeros(nmax)              # working array of delta-u
35      dv = np.zeros(nmax)              # working array of delta-v
36      fd = np.zeros(nmax)              # working array of D
37
38      global bc_code_p, bc_code_u, bc_code_v
39      bc_code_p = np.zeros(nmax, int)      # boundary code for p node
40      bc_code_u = np.zeros(nmax, int)      # boundary code for u node
41      bc_code_v = np.zeros(nmax, int)      # boundary code for v node
42
43      global bc_ref_p, bc_ref_u, bc_ref_v
44      bc_ref_p = np.zeros(nmax, int)       # reference index for p node
45      bc_ref_u = np.zeros(nmax, int)       # reference index for u node
46      bc_ref_v = np.zeros(nmax, int)       # reference index for v node
```

14行目のglobalは，その後ろの変数が関数の外側でも使えるようになることを宣言しています．これらの変数は，ほかのファイルにおいてfield.n0のように使えます．このような変数を大域変数，あるいはグローバル変数とよびます．

変数n0とn1は，それぞれx, y方向のノードの個数です．関数make_field()を呼び出すときの1番目と2番目の引数(m0, m1)が代入されます．変数nmax $= n_0 \times n_1$はデータ配列の大きさです．

変数areaは，計算領域の広さです．関数make_field()の3, 4番目の引数が，それぞれx, y方向の計算領域の長さになります．

変数density, viscosityは，計算している流体の密度ρと粘性係数μで，標準値を1000, 10とそれぞれ設定していますが，これらは後からでも変更できます．変数gammaは流体の動粘性係数γです．

23 行目からは，時間ステップや格子幅を設定しています．

28 行目からは，圧力や速度などの配列を作っています．`fp`, `fu`, `fv` はそれぞれ，圧力 p，x 方向流速 u，y 方向流速 v を保存するための配列です．`dp`, `du`, `dv` は，それぞれの変化量 $\Delta p, \Delta u, \Delta v$ を入れておくための配列です．`fd` には連続の式の評価値を入れます．

セルの中心にある圧力ノードのそれぞれには，そのノードの種類を示すための整数を割り当ててあります．この整数の配列を `bc_code_p[]` とし，LIQUID，VFIX_BC などの定数を代入しておきます．速度ノードの種類も配列 `bc_code_u[]` と `bc_code_v[]` に入れます．スタガード格子でなければ，このような種類を表す配列は一つで済みますが，仕方ありません．これらの変数を，38 行目から作成しています．

43 行目から作成されている `bc_ref_p` などは，境界ノードが参照しているノードの番号を入れる配列です．参照されるノードは種類が LIQUID のノードです．

◁補足▷

流れ解析においては，セルのサイズ Δx，時間ステップ Δt，格子数 n_0, n_1，物理量 p, u, v，物性値 ρ, γ などの多くの数値を扱います．これらの数値や配列を，それぞれの関数に直接に渡すと

```
calcConvection(u, v, dx, dy, dt, n0, n1)
```

などと，引数がとても長くなってしまいます．このような多数の引数を使う関数は，引数の順番を毎回確認しなくてはならず，ミスのもとになりかねません．このようなとき，Python では，前に出てきたクラスを使ってこれら多数のデータをまとめ，それを丸ごと関数に渡したり，あるいはクラス専用に関数を定義したりできます．

ただ，この本の範囲では Δx などは一つだけ，配列のサイズである n_0, n_1 も一つだけであるので，クラスを使わないシンプルな形で記述することにしました．より複雑なデータ構造が必要になったら，そのときに拡張することにしましょう．

6.2.2 ● 配列インデックスの計算関数

field.py の次の部分で，配列インデックスを計算するための関数を定義しています．

コード 6.1　field.py (Part3)

```python
# @ Part3
def get_index(i, j):
    # get 1D index from (i,j)
    return i + n0 * j


def get_reverse_index(n):
    # return (i,j) from n
    j = n // (n0)         # // is the integer division.
    i = n - j * n0
    return (i, j)
```

50 行目の関数 get_index() は，2 次元のインデックス (i,j) から 1 次元のインデックスの値を計算するもので，式 (6.1) をそのままソースコードにしています．

55 行目の関数 get_reverse_index() は get_index() の逆関数で，1 次元のインデックス n から 2 次元のインデックス (i,j) の組を求めます．

これらの関数の使い方の例は 6.2.5 項で示します．

6.2.3 ● ノードの位置と速度を求める関数

さらに，field.py の続きを示します．

コード 6.1　field.py (Part4)

```python
# @ Part4
def get_pos(n):
    ii, jj = get_reverse_index(n)
    xx = dx * float(ii)
    yy = dy * float(jj)
    return (xx, yy)


def get_vel(n, idx):
    # return velocity vector.
    # If idx is 0, return velocity at the u staggered position.
    # If idx is 1, return velocity at the v staggered position.

    vel = np.zeros(2)
    if idx == 0:
        vel[0] = fu[n]
        vel[1] = 0.25 * (fv[n] + fv[n + 1] + fv[n - n0] + fv[n + 1 - n0])
        return vel
```

6.2 流れ場データの実装

```
81      if idx == 1:
82          vel[0] = 0.25 * (fu[n] + fu[n + n0] + fu[n - 1] + fu[n + n0 - 1])
83          vel[1] = fv[n]
84          return vel
85
86      vel[0] = 0.5 * (fu[n] + fu[n - 1])
87      vel[1] = 0.5 * (fv[n] + fv[n - n0])
88      return vel
```

63 行目の関数 get_pos() は，ノード番号からノードの位置座標を求める関数です．この関数では圧力ノードの位置を求めています．

70 行目の関数 get_vel() は，流速ベクトルを関数の値とするものです．引数 idx が 0 なら，流速 u のスタガード位置での速度ベクトルが返されます．1 なら流速 v のスタガード位置での速度ベクトル，それ以外なら圧力ノードにおける流速ベクトルが関数の値となります．

6.2.4 ● field.py のテスト

以下は，field.py の最後の部分です．

コード 6.1　field.py (Part5)
```
91  # @ Part5
92  if __name__ == '__main__':
93      make_field(10, 8, 2.0, 2.0)
94      n = get_index(2, 1)
95      ii, jj = get_reverse_index(n)
96      assert (ii == 2)
97      assert (jj == 1)
```

96, 97 行目で登場する assert() は組み込みの関数で，() の中の条件が成立していないと，エラーとして中断します．

この field.py の main 部は二つの関数のテストとなっていて，

```
python3 field.py
```

と走らせると，この main 部で動作を確認できます．何も表示されなければ，問題なく動作しています．

6.2.5 ● 配列インデックスの使い方

6.2.3 項で述べた配列インデックスについて，改めて使い方を見ていきましょう．
流速の変数 fu の値をすべて 0 にするソースコードは，1 次元のインデックスを使うと

```
for n in range(fld.nmax):
    fld.fu[n] = 0.0
```

のように書けます．NumPy の機能を用いると，同じことを 1 行で

```
fld.fu[:] = 0.0
```

とも書けます．
一方，2 次元のインデックス i,j を使って同じことをさせるには，たとえば

```
for j in range(fld.n1):
    for i in range(fld.n0):
        n = get_index(fld, i, j)
        fld.fu[n] = 0.0
```

とします．フィールドの端（境界）で処理を場合分けするときなどには，こちらの表現のほうが便利なこともあります．
1 次元のインデックス n を使って

```
ii, jj = get_reverse_index(fld, n)
```

とすると，変数 ii と jj にそれぞれの方向のインデックスを得られます．この関数は，整数二つのタプルを値としています．

6.3 支援関数の実装

計算しようとしているフィールドを作成したり，その様子を図示したりするための支援関数を作成します．これらは動作のチェックにも使うことができます．

6.3.1 ● フィールドデータの可視化：show.py

動作確認のための支援モジュールとして show.py を作成しましょう．

6.3 支援関数の実装

コード 6.2　show.py: 流れ場データの表示

```python
import numpy
import field as fld


def array(phi, message):
    fmaxx = numpy.amax(phi)
    fminn = numpy.amin(phi)
    if fmaxx == fminn:
        fmaxx += 1.0

    arrayMinMax(phi, message, fminn, fmaxx)


def arrayMinMax(phi, message, fminn, fmaxx):
    print(f"---- <<< {message} (range {fminn:.3e} to {fmaxx:.3e})>>>")
    n0 = fld.n0
    n1 = fld.n1
    buf = [""] * n0
    for jj in range(n1):
        j = n1 - jj - 1
        for i in range(n0):
            n = fld.get_index(i, j)
            fv = phi[n] * 1.0    # in case phi[] is integer
            a = (fv - fminn)/(fmaxx - fminn)
            ia = int(a * 9.9999)

            if 0 <= ia and ia <= 9:
                buf[i] = str(ia)
            elif ia > 9:
                buf[i] = '+'    # out of range
            else:
                buf[i] = '-'    # out of range
        b = "".join(buf)
        print(f"{j:3d}:", b)


if __name__ == '__main__':
    fld.make_field(10, 8, 2.0, 2.0)

    for n in range(fld.nmax):
        pos = fld.get_pos(n)
        fld.fp[n] = float(pos[0] * pos[0] + pos[1] * pos[1])

    array(fld.fp, "P")
```

show.py の中の 5 行目にある **array()** 関数は，与えられた変数の分布を 0 から

9 までの数値のランクに直して表示するものです。

試しに，show.py 自身のテストコードを以下のように実行したとします。

```
python3 show.py
```

show.py は 10×8 の小さなフィールドを作り，その `fp[n]` に値をセットしたのち，`show.array()` を呼び出して下記のような表示を行うはずです。

```
---- <<< P (range 0.000e+00 to 8.000e+00)>>>
 7: 4555567889
 6: 3334455678
 5: 2223344567
 4: 1112233456
 3: 0011123345
 2: 0000112345
 1: 0000112345
 0: 0000012334
```

このテストでは，10×8 の 2 次元配列の上で，$p = x^2 + y^2$ として計算した p の値を出力しています。最小値である 0.0 から最大値の 8.0 までの値を 10 等分した範囲のそれぞれに 0 から 9 までの整数を割り振り，それぞれでの p の分布を表示しています。左端の「7:」などの部分は，y 方向のインデックスの値です。この関数 `show.array()` は，配列の中の数値の最大値と最小値を求めて，自動的に 0 から 9 までの表示範囲を決めます。

このようにデータを表示させる機能は，ソースコードを作っている途中の確認に便利なので，最初のうちに作っておく価値が十分にあります。

表示する値の範囲を指定したい場合には，関数 `arrayMinMax()` を使います。指定した最大値よりも大きな値のノードは "+" の記号で，最小値よりも小さな値のノードは "−" の記号で，それぞれ表示されます。

6.3.2 ● 初期設定の支援：setup.py

2 次元チャネル流れを解くための，境界条件や初期条件を準備する作業をファイル channelset.py に作るのですが，そのうち有用な関数を setup.py として別ファイルにまとめて作成しておきます。こうすることで，ほかのプログラムでも setup.py の内容を使えるようにしています。

この setup.py のソースコードは，この本の中でおそらく最も複雑なものになっ

ています．はじめはソースコードを作成するだけにして，理解するのは後回しにしてもよいです．

さて，境界条件を表現するためには，ノードごとに VFIX, WALL などの境界条件の種類の情報をもっている必要があります．スタガード格子では，この情報は圧力ノード，速度ノードでそれぞれ異なるため，別々に管理します．

また，ノイマン条件の境界ノードの値を決めるためには，そのノードに隣接する通常ノードの値を使う必要があります．そのために，図 6.1 のように隣接するノードをあらかじめ一つ選んで保管しておきます．これを「参照している (refer)」と表現することにします．

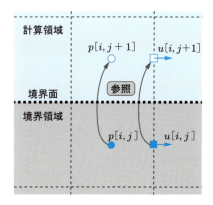

図 6.1　参照の様子

setup.py の Part1 では，ノードの種類 (code) と参照 (ref) の配列に初期値を代入する関数 cleanup() と，ユーザーが指定した範囲にノードの種類を設定するための関数 set_bccode_p() を定義しています．

コード 6.3　setup.py: 流れ場設定のための問題 (Part1)

```
1  # @ Part1
2  import field as fld
3
4
5  def cleanup():
6      fld.bc_code_p[:] = fld.LIQUID
7      fld.bc_code_u[:] = fld.LIQUID
8      fld.bc_code_v[:] = fld.LIQUID
9      fld.bc_ref_p[:] = -1
10     fld.bc_ref_u[:] = -1
11     fld.bc_ref_v[:] = -1
```

```
12
13
14  def set_bccode_p(ii0, ii1, jj0, jj1, code):
15      bc_code = fld.bc_code_p
16      for j in range(jj0, jj1 + 1):
17          for i in range(ii0, ii1 + 1):
18              n = fld.get_index(i, j)
19              bc_code[n] = code
```

　関数 set_bccode_p() は，名前のとおり圧力ノードについてだけ設定します．設定範囲を関数の引数 ii0, ii1, jj0, jj1 で指定しており，x 方向のインデックスが ii0 以上 ii1 以下の範囲，かつ y 方向のインデックスが jj0 以上 jj1 以下の範囲の圧力ノードの種類を，引数 code の値に設定します．

コード 6.3　setup.py (Part2)

```
22  # @ Part2
23  def set_code_ref():
24      # set bc_code and bc_ref automatically
25      set_code_vel(fld.bc_code_u, 1,      0)
26      set_code_vel(fld.bc_code_v, fld.n0, 1)
27
28      modify_pfix_east()
29      set_isolated()
30
31      set_ref(fld.bc_ref_p, fld.bc_code_p)
32      set_ref(fld.bc_ref_u, fld.bc_code_u)
33      set_ref(fld.bc_ref_v, fld.bc_code_v)
```

　上の関数 set_code_ref() では，速度ノードの種類 (bc_code) と，すべての境界ノードの参照 (ref) を設定します．この関数が呼ばれる前に，事前に設定しておいた圧力ノードの種類をもとに，速度ノードの境界を設定（25, 26 行目）し，圧力固定境界の特殊な処理を行い（28 行目），LIQUID ノードに接していないノードを ISOLATED に変更し（29 行目），参照を p, u, v について設定（31 から 33 行目），と順次処理していきます．このように，境界条件を「種類」と「参照」としてデータにしておくと，3 次元の計算や複雑な形状の計算でも同じように扱えます．

　この関数 set_cod_ref() の中で使っている関数は，37 行目以降で具体的に記述されています．

　速度ノードの種類を，隣接する圧力ノードの境界条件から決定するのが，次に示す set_code_vel() 関数です．原則としては，スタガード配置の速度ノードを挟む

二つの圧力ノードの両方が LIQUID，すなわち通常ノードであれば，その速度ノードは LIQUID とします．どちらかが境界ノードであれば，その速度ノードも同じ種類の境界ノードとします（両方が境界ノードであれば ISOLATED にしますが，それは後でまとめて処理します）．

ここでは，定数 LIQUID の値が 0 であり，種類を決める定数の中では最小であることを利用して，ソースコードを短くしています．

コード 6.3　setup.py (Part3)

```python
# @ Part3
def set_code_vel(bccode_vel, ddn, idx):
    bccodeP = fld.bc_code_p

    for j in range(fld.n1):
        for i in range(fld.n0):
            n = fld.get_index(i, j)

            # at the edge of field
            if ddn == 1 and i == fld.n0 - 1:
                bccode_vel[n] = fld.ISOLATED_BC
                continue
            if ddn == fld.n0 and j == fld.n1 - 1:
                bccode_vel[n] = fld.ISOLATED_BC
                continue

            next = n + ddn

            bc0 = min(bccodeP[n], bccodeP[next])
            bc1 = max(bccodeP[n], bccodeP[next])

            if bc0 == bc1:
                bccode_vel[n] = bc0

            elif bc0 == fld.LIQUID and bc1 != fld.LIQUID:
                if bc1 == fld.WALL_BC:
                    if ddn == 1 and idx == 0:
                        bc1 = fld.ONWALL_BC
                    if ddn == fld.n0 and idx == 1:
                        bc1 = fld.ONWALL_BC

                bccode_vel[n] = bc1
```

次に示す setup.py の Part4 では，関数 set_ref() を記述しています．これは，値を参照するための LIQUID ノードを，境界ノード内を探索して決定する関数

です．

　82 行目で呼び出している関数 search_liquid_around() は，ノード位置 $[i, j]$ の周囲に LIQUID のノードがあれば，そのノードのインデックスを値とします．もし存在しなければ -1 が値となります．

コード 6.3　setup.py (Part4)

```
70  # @ Part4
71  def set_ref(bc_ref, bc_code):
72      n0 = fld.n0
73      n1 = fld.n1
74  
75      for j in range(n1):
76          for i in range(n0):
77              idx = fld.get_index(i, j)
78  
79              if bc_code[idx] == fld.LIQUID:
80                  continue
81  
82              ref = search_liquid_around(bc_code, i, j)
83              if ref >= 0:
84                  bc_ref[idx] = ref
85              else:
86                  bc_ref[idx] = -1
87                  bc_code[idx] = fld.ISOLATED_BC
```

　次は，ISOLATED の境界ノードを自動判別するための関数 set_isolated() です．LIQUID のノードに隣接していないノード，すなわち周囲のノードがすべて境界ノードであるようなノードを ISOLATED としています．

　関数 search_liquid_around() のコードの中の 105 行目で，調べる対象のノード番号四つをリストにして，それらを順に調べています．格子の外側にアクセスするとエラーになるので，108 行目で範囲のチェックもしています．

コード 6.3　setup.py (Part5)

```
90  # @ Part5
91  def set_isolated():
92      for j in range(fld.n1):
93          for i in range(fld.n0):
94              ref = search_liquid_around(fld.bc_code_p, i, j)
95              if ref < 0:
96                  n = fld.get_index(i, j)
97                  fld.bc_code_p[n] = fld.ISOLATED_BC
98
```

6.3 支援関数の実装

```
 99
100  def search_liquid_around(bc_code, i, j):
101      "return index of liquid, or -1. "
102      n0 = fld.n0
103      n1 = fld.n1
104
105      neighbors = [(i + 1, j), (i - 1, j), (i, j + 1), (i, j - 1)]
106
107      for ii, jj in neighbors:
108          if ii > n0 - 1 or jj > n1 - 1:
109              continue
110
111          ref = fld.get_index(ii, jj)
112          if bc_code[ref] == fld.LIQUID:
113              return ref
114
115      return -1
```

setup.py の最後は，圧力固定境界のノードを修正する関数 modify_pfix_east() です．速度ノードはすでに設定されているので，圧力ノードだけを一つ内部にずらします．ここでは手を抜いて，圧力固定境界がフィールドの東側 (i = n0 - 1 の側) にあるという前提で記述しています．

コード 6.3　setup.py (Part6)

```
118  # @ Part6
119  def modify_pfix_east():
120      # caution. not complete.
121      i = fld.n0 - 2
122      for j in range(1, fld.n1 - 1):
123          n = fld.get_index(i, j)
124          fld.bc_code_p[n] = fld.PFIX_BC
```

6.3.3 ● 初期設定：channelset.py

上で作った setup.py を使って 2 次元チャネル流れ計算の準備を行う関数をファイル channelset.py に作成します．そのソースコードを以下に示していきます．

コード 6.4　channelset.py: チャネル流れの境界条件・初期条件の設定 (Part1)

```
1  # @ Part1
2  import field as fld
3  import setup
4
5
```

```
 6  def initialize():
 7      setup.cleanup()
 8      set_bccode()
 9      setup.set_code_ref()
10      set_initial_condition()
```

2行目では，前に作った field.py を利用するためにインポートし，略式の名前を fld としています．

6行目からは，関数 initialize() の中で関数をつぎつぎに呼び出して，境界条件の設定を行っています．

圧力ノードについて境界条件の種類を設定しておけば，速度ノードの種類や参照は9行目の setup.set_code_ref() の中で自動的に設定されます．ですので，圧力ノードの種類を，2次元チャネル流れの設定に合わせて以下のように定義しておけばよいのです．

コード 6.4　channelset.py (Part2)

```
13  # @ Part2
14  def set_bccode():
15      n0 = fld.n0
16      n1 = fld.n1
17
18      setup.set_bccode_p(0, 0, 1, n1 - 2, fld.VFIX_BC)
19      setup.set_bccode_p(1, n0 - 2, 0, 0, fld.WALL_BC)
20      setup.set_bccode_p(1, n0 - 2, n1 - 1, n1 - 1, fld.WALL_BC)
21      setup.set_bccode_p(n0 - 1, n0 - 1, 1, n1 - 2, fld.PFIX_BC)
```

上のコードを見て，前に説明された圧力境界のノード位置とは異なる指定になっていることに気付きましたか？境界条件の項（5.5.4項）で説明したように，圧力固定境界のノードは，ほかと違うおき方をするのが望ましいです．その修正が，関数 setup.set_code_ref() の中の modify_pfix_east() で自動的に行われるようになっています．ですから，ここではほかの境界条件と同様に，境界面の外側にPFIX の境界ノードを指定します．こうしておけば，手作業での設定ミスをしにくくなります．

初期条件については，ソースコードの次の部分で設定しています．

コード 6.4　channelset.py (Part3)

```
24  # @ Part3
25  def set_initial_condition():
26      fld.fv[:] = 0.0
27      fld.fp[:] = 0.0
28
29      # parabolic distribution, whose average speed is 1.0
30      height = fld.area[1]
31      for n, bcc in enumerate(fld.bc_code_u):
32          if bcc in [fld.LIQUID, fld.VFIX_BC, fld.PFIX_BC]:
33              _, posy = fld.get_pos(n)
34              vel = (height - posy) * posy * 1.0 / (height ** 2) * 6.0
35              fld.fu[n] = vel
```

初期値として，u は平均流速 1.0 の（理論解と一致する）放物線状の分布とし，v, p はともに 0 としました．

32 行目の if 文のところは，ここまでに使っていない Python の記述になっています．ここの意味は，リスト [fld.LIQUID, ...] の中に bcc と同じものが含まれていれば if が成立するというものです．ですからこの行は

```
if bcc == fld.LIQUID or bcc == fld.VFIX_BC or ... :
```

と同じ意味です．

33 行目では関数 fld.get_pos() の結果を変数 "_" と posy に代入しています．関数 get_pos() は位置 (x, y) のタプルを値としますが，ここでは x 成分を使いません．そこで，特殊な変数 "_" に代入することで，その値を捨ててしまうことを指示しています．

最後に示すのが，channelset.py のテスト部です．

コード 6.4　channelset.py (Part4)

```
38  # @ Part4
39  if __name__ == '__main__':
40      fld.make_field(10, 8, 2.0, 2.0)
41      initialize()
42      import show
43      show.array(fld.fu, "distribution")
44      show.array(fld.bc_code_p, "bc-code-p")
45      show.array(fld.bc_code_u, "bc-code-u")
46      show.array(fld.bc_code_v, "bc-code-v")
```

この channelset.py を実行すると自己テストが動き，u の初期分布を次のように表示します．

```
---- <<< distribution (range 0.000e+00 to 1.469e+00)>>>
  7: 0000000000
  6: 4444444440
  5: 8888888880
  4: 9999999990
  3: 9999999990
  2: 8888888880
  1: 4444444440
  0: 0000000000
```

意図した y の 2 次式の分布になっていることがわかります．

さらに，この表示に続いて，圧力ノードの境界条件コードの分布なども表示されます．field.py の冒頭で定義した境界条件定数と同じで，表示の "0" は LIQUID，"9" は ISOLATED，"2" は VFIX，"1" は PFIX，"3" は WALL です[†]．もし設定していないノードがあれば，最小値が -1 になるはずなので，最小値が 0 であれば OK です．

たとえば p の bc_code は次のように表示されます．

```
---- <<< bc-code-p (range 0.000e+00 to 9.000e+00)>>>
  7: 9333333399
  6: 2000000019
  5: 2000000019
  4: 2000000019
  3: 2000000019
  2: 2000000019
  1: 2000000019
  0: 9333333399
```

6.4 流れ解析部の実装

ここまでいろいろな関数を作ってきたことで，流れ場のデータを扱う準備ができました．いよいよ，流れ解析部分のソースコードを作っていきます．

SMAC 法の中で圧力項，粘性項，対流項を評価する関数や，圧力補正 Δp を解く関数，速度の境界条件を与える関数などを，式に従って作成していきます．

[†] 境界条件は 0 から 9 までの値になっているので，コードの値そのものが表示されています．

6.4.1 ● 圧力項と圧力補正項の評価：navPress.py

まず，SMAC 法の第 1 ステップの中で，圧力項による速度変化量

$$-\frac{1}{\rho}\nabla(p) \times \Delta t$$

を評価する関数を作成します．SMAC 法の第 4 ステップで用いる圧力補正 $(-1/\rho)\nabla(\Delta p) \times \Delta t$ も，対象となる配列が違うだけなので同じ関数を使いまわせます．配列 `fld.du`, `fld.dv` に計算結果を代入します．

このソースコード navPress.py では，図 6.2 のように，スタガード格子に配置された速度ノードの圧力勾配を，そのノードを挟む二つの圧力ノードの差分で評価しています．ソースコードの中で確認してみてください．

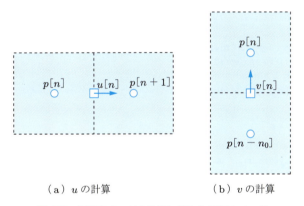

(a) u の計算　　　　　(b) v の計算

図 6.2　各速度ノードの計算に使われる圧力ノード

コード 6.5　navPress.py: 圧力項と圧力補正項の評価

```
 1  import field as fld
 2
 3
 4  def calc_pressure_term(phi):
 5
 6      # put (- delta_t) / rho * ( d phi / d x)  to du[n],
 7      # put (- delta_t) / rho * ( d phi / d y)  to dv[n].
 8      # phi may be fp or dp
 9
10      coef = -1.0 * fld.dt / fld.density
11      rdx = 1.0 / fld.dx
12      for n, bcc in enumerate(fld.bc_code_u):
13          if bcc == fld.LIQUID:
14              fld.du[n] = coef * rdx * (phi[n + 1] - phi[n])
```

```
15          else:
16              fld.du[n] = 0.0
17
18      dj = fld.n0
19      rdy = 1.0 / fld.dy
20      for n, bcc in enumerate(fld.bc_code_v):
21          if bcc == fld.LIQUID:
22              fld.dv[n] = coef * rdy * (phi[n + dj] - phi[n])
23          else:
24              fld.dv[n] = 0.0
25
26
27  if __name__ == '__main__':
28      import channelset
29      import show
30      fld.make_field(10, 10,  5.0, 1.0)
31      channelset.initialize()
32
33      for jj in range(fld.n1):
34          for ii in range(fld.n0):
35              n = fld.get_index(ii, jj)
36              fld.fp[n] = float(ii)       # set testing distribution on p.
37
38      calc_pressure_term(fld.fp)
39
40      answer = -1.0 / (fld.dx * fld.density) * fld.dt
41      show.array(fld.du, f"du should be {answer:.4e}")
```

これまでと同様，動作確認のための簡単なテストを付けてあります．その設定には，すでに動作を確認している channelset モジュールを流用しています．

6.4.2 ● 対流項の評価：navUpwind.py

対流項を 1 次風上差分で評価する関数を navUpwind.py に作成します．ここでは確認の main 文を省略しています．このソースコードには，CFL 条件をチェックする関数と，風上差分により対流項を評価する関数とを記述しています．

navUpwind.py の冒頭は次のとおりです．Part1 では CFL 条件をチェックする関数を定義しており，CFL 条件をクーラン数 0.5 以下と（やや）厳しくチェックしています．

6.4 流れ解析部の実装

コード 6.6 　navUpwind.py: 対流項の評価 (Part1)

```
1   # @ Part1
2   import sys
3   import field as fld
4
5
6   def check_stability():
7       # check CFL condition
8       for n, bcc in enumerate(fld.bc_code_u):
9           if bcc == fld.LIQUID:
10              courant = fld.fu[n] * fld.dt / fld.dx
11              if courant >= 0.5:
12                  print("ALERT.  CFL condition(u) was broken at n =",
13                      n, fld.fu[n])
14                  sys.exit(1)
15
16      for n, bcc in enumerate(fld.bc_code_v):
17          if bcc == fld.LIQUID:
18              courant = fld.fv[n] * fld.dt / fld.dy
19              if courant >= 0.5:
20                  print("ALERT.  CFL condition(v) was broken at n =",
21                      n, fld.fv[n])
22                  sys.exit(1)
```

　次の Part2 が，対流項を計算して速度変化分を df に加算する部分です．風上差分の関数は，1 次元の場合の風上差分と同じ考えで 2 次元の対流項による速度増加 $\delta u_c, \delta v_c$ を

$$\delta u_c = -\Delta t \left(u\frac{\partial u}{\partial x} + v\frac{\partial u}{\partial y} \right), \quad \delta v_c = -\Delta t \left(u\frac{\partial v}{\partial x} + v\frac{\partial v}{\partial y} \right)$$

と評価し，fld.du, fld.dv に加算します．この関数も，引数 phi に fu または fv を与えることで，u と v 両方の計算に対応しています．この関数 add_convection() は次のように記述しています．

コード 6.6 　navUpwind.py (Part2)

```
25  # @ Part2
26  def add_convection(df, phi, bc_code, idx):
27      coef = -1.0 * fld.dt
28      rdx = 1.0 / fld.dx
29      rdy = 1.0 / fld.dy
30      n0 = fld.n0
31
32      for n, bcc in enumerate(bc_code):
```

```
33          fn = phi[n]
34          if bcc == fld.LIQUID:
35              vel = fld.get_vel(n, idx)
36
37              if vel[0] >= 0.0:
38                  dfdx = (fn - phi[n - 1]) * rdx
39              else:
40                  dfdx = (phi[n + 1] - fn) * rdx
41
42              if vel[1] >= 0.0:
43                  dfdy = (fn - phi[n - n0]) * rdy
44              else:
45                  dfdy = (phi[n + n0] - fn) * rdy
46
47              df[n] += coef * (vel[0] * dfdx + vel[1] * dfdy)
```

6.4.3 ● 粘性項の評価：navVisc.py

2次元流れの粘性項 $\mathcal{L}(\gamma, u) \times \Delta t$ および $\mathcal{L}(\gamma, v) \times \Delta t$ を評価するソースコードとして，navVisc.py を作成します．層流では動粘性係数 γ は一定なので，微分の外に出してしまいます．

この関数 `add_viscous_term()` は次のように記述できます．

コード 6.7　navVisc.py: 粘性項の評価 (Part1)

```
1   # @ Part1
2   import field as fld
3
4
5   def add_viscous_term(df, fu, bc_code):
6       coef = fld.gamma * fld.dt
7       rdx2 = 1.0 / (fld.dx * fld.dx)
8       rdy2 = 1.0 / (fld.dy * fld.dy)
9
10      for n, bcc in enumerate(bc_code):
11          if bcc == fld.LIQUID:
12              df[n] += coef * Laplacian(fu, n, rdx2, rdy2, fld.n0)
13
14
15  def Laplacian(f, n, rdx2, rdy2, n0):
16      return (f[n + 1] + f[n - 1] - 2.0 * f[n]) * rdx2 + \
17             (f[n + n0] + f[n - n0] - 2.0 * f[n]) * rdy2
```

ソースコードでは変数 `fu` から計算する形になっていますが，u, v どちらの場合でも同じ関数で処理できます．

初期状態の速度 u は放物線状の分布としているので，粘性項は

$$\Delta t \times \gamma \frac{\partial^2 u}{\partial y^2} = -1.2 \times 10^{-3}$$

の一定値になるはずです．

この関数のテスト部を，次のように書きました．

コード 6.7　navVisc.py (Part2)

```
20  # @ Part2
21  if __name__ == '__main__':
22      import channelset
23      import show
24      fld.make_field(10, 10, 5.0, 1.0)
25      channelset.initialize()
26      add_viscous_term(fld.du, fld.fu, fld.bc_code_u)
27      show.array(fld.du, " viscous term")
```

この navVisc.py を実行してみると，

```
---- <<<  viscous term (range -1.200e-03 to 0.000e+00)>>>
 9: 9999999999
 8: 9000000099
 7: 9000000099
 6: 9000000099
 5: 9000000099
 4: 9000000099
 3: 9000000099
 2: 9000000099
 1: 9000000099
 0: 9999999999
```

となり，LIQUID ノードでの値（表示では「0」が -1.2×10^{-3} にあたります）が正しいことが確認できます．周辺部は境界ノードのため，今は計算されず，0 のまま（表示では最大値にあたる「9」）になっています．

6.4.4 ● 連続の式の評価：navD.py

SMAC 法でのポアソン方程式 (5.12) の右辺である $(\rho/\Delta t)D(\mathbf{v}^*)$ は，圧力ノードの位置で計算します（図 6.3 参照）．この項をスタガード格子系での有限差分の形にすると

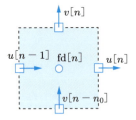

図 6.3 D を求めるセルと流速ベクトル

$$\frac{\rho}{\Delta t}\left\{\frac{1}{\Delta x}(u_n - u_{n-1}) + \frac{1}{\Delta y}(v_n - v_{n-n_0})\right\}$$
$$= \frac{\rho}{\Delta t \Delta x}(u_n - u_{n-1}) + \frac{\rho}{\Delta t \Delta y}(v_n - v_{n-n_0})$$

となるので，この差分式のとおりにソースコードを書いていきます．結果は配列 fd に代入しています．この関数で値を正規化しておいてもよいのですが，それは 6.4.6 項の navP.py の中で行います．

コード 6.8　navD.py: 連続の式の評価

```python
import field as fld


def calc_d():
    j = fld.n0
    cx = fld.density / (fld.dt * fld.dx)
    cy = fld.density / (fld.dt * fld.dy)

    for n, bcc in enumerate(fld.bc_code_p):
        if bcc == fld.LIQUID:
            fld.fd[n] = (fld.fu[n] - fld.fu[n - 1]) * cx + \
                        (fld.fv[n] - fld.fv[n - j]) * cy
        else:
            fld.fd[n] = 0.0


if __name__ == '__main__':
    fld.make_field(10, 8, 2.0, 2.0)
    import channelset
    channelset.initialize()

    for n, _ in enumerate(fld.bc_code_p):
        xx, _ = fld.get_pos(n)
        fld.fu[n] = xx * 1.0e-3
```

```
26      calc_d()
27
28      import show
29      show.array(fld.fd, "D")
```

6.4.5 ● 速度の変更：navVel.py

6.4.1～6.4.4 項で計算した速度の変化量を，速度成分に加算して速度を変更します．その後，速度が境界条件を満たすよう，境界ノードの速度値を修正します．チャネル流れで扱う 3 種類の境界条件については，比較的単純な境界処理で十分です．

コード 6.9　navVel.py: 速度の加算と境界値の設定

```
 1  import field as fld
 2
 3
 4  def modify_velocity():
 5      fld.fu += fld.du
 6      fld.fv += fld.dv
 7      set_velocity_boundary(fld.fu, fld.bc_code_u, fld.bc_ref_u)
 8      set_velocity_boundary(fld.fv, fld.bc_code_v, fld.bc_ref_v)
 9
10
11  def set_velocity_boundary(vel, bc_code, bc_ref):
12      for n, bcc in enumerate(bc_code):
13          if bcc == fld.PFIX_BC:
14              n_ref = bc_ref[n]
15              vel[n] = vel[n_ref]
16
17          elif bcc == fld.WALL_BC:
18              # n_ref = bc_ref[n]
19              # vel[n] = -1.0 * vel[n_ref]
20              vel[n] = 0.0
21
22          elif bcc == fld.ONWALL_BC:
23              vel[n] = 0.0
24
25          elif bcc == fld.VFIX_BC:
26              pass         # velocity is fixed.
```

ノイマン条件のノードでは，参照するノード (n_ref) の値をコピーして自分の値にしています（14～15 行目）．ディリクレ条件のノードでは，値 (0.0) をそのまま代入しています（20～23 行目）．速度固定のノードについては，初期値から変更し

ません（26 行目）．pass は何もしないで次へ行くという文なので，実は 25, 26 行目は書かなくても結果は変わりません．

6.4.6 ● 圧力変化量の計算：navP.py

SMAC 法の式 (5.12) に基づいて，圧力変化 Δp を求める部分のソースコードを次のように作ります．

コード 6.10　navP.py: 圧力変化量の計算 (Part1)

```python
# @ Part1
import field as fld


def calc_p(solver):
    fld.dp[:] = 0.0

    # normalize fld.fd
    rdx2 = 1.0 / (fld.dx * fld.dx)
    rdy2 = 1.0 / (fld.dy * fld.dy)
    coef = 1.0 / (-2.0 * (rdx2 + rdy2))
    fld.fd *= coef

    ite, res = solver(p_laplace, fld.dp, fld.fd, 50000, 1.0e-6)

    # set boundary condition on dp[]
    for n, bcc in enumerate(fld.bc_code_p):
        if bcc == fld.WALL_BC or bcc == fld.VFIX_BC:
            fld.dp[n] = fld.dp[fld.bc_ref_p[n]]

    # get new fp[]
    fld.fp += fld.dp

    return (ite, res)
```

関数 calc_p() が，正規化したポアソン方程式を解く関数です．この関数の引数 solver には，jacobi.solve が与えられると（いまは）考えてください．14 行目でこれを呼び出しています．流れ計算で解を得るために多くの繰り返しが必要になるため，繰り返しの最大回数を 50000 回としてあります．

navP.py の続きを以下に示します．

コード 6.10　navP.py (Part2)

```python
# @ Part2
def p_laplace(df, f):
    rdx2 = 1.0 / (fld.dx * fld.dx)
    rdy2 = 1.0 / (fld.dy * fld.dy)
    coef = 1.0 / (-2.0 * (rdx2 + rdy2))        # to normalize
    j = fld.n0

    for n, bcc in enumerate(fld.bc_code_p):
        if bcc == fld.LIQUID:
            fp = f[n]

            fe = f[n + 1]
            if is_neumann(fld.bc_code_p, n + 1):
                fe = fp

            fw = f[n - 1]
            if is_neumann(fld.bc_code_p, n - 1):
                fw = fp

            fn = f[n + j]
            if is_neumann(fld.bc_code_p, n + j):
                fn = fp

            fs = f[n - j]
            if is_neumann(fld.bc_code_p, n - j):
                fs = fp

            df[n] = coef * ((fe + fw - 2.0 * fp) * rdx2 +
                            (fn + fs - 2.0 * fp) * rdy2)


def is_neumann(bc_code, n):
    code = bc_code[n]
    return code == fld.WALL_BC or code == fld.VFIX_BC
```

　関数 p_Laplace() は $L(\Delta p)$ を求める関数で[†]，jacobi.solve() に引数として渡されます．38〜40 行目では，east 側でノイマン境界条件を満たすように，隣のノードの値 (fe) を設定しています．ほかの方向についても，43 行目などで同様に処理しています．

[†] 粘性項の計算で作った Laplace() とは別のものです．

6.5 流れ解析の実行

　SMAC 法に基づいて，2 次元流れを解くソースコードを channel1.py に作ります．この channel1.py は，これまでに作ってきたいろいろな関数をつぎつぎに呼び出しています．ここでは，流れのシミュレーション計算を 10 ステップだけ行うことにしています．

コード 6.11　channel1.py: SMAC 法による流れの解析

```
 1  import field as fld
 2  import show
 3  import navPress
 4  import navUpwind
 5  import navVisc
 6  import navVel
 7  import navD
 8  import navP
 9  import jacobi
10
11
12  def smac():
13
14      # SMAC step 1
15      navUpwind.check_stability()
16
17      navPress.calc_pressure_term(fld.fp)
18      navVisc.add_viscous_term(fld.du, fld.fu, fld.bc_code_u)
19      navVisc.add_viscous_term(fld.dv, fld.fv, fld.bc_code_v)
20
21      navUpwind.add_convection(fld.du, fld.fu, fld.bc_code_u, 0)
22      navUpwind.add_convection(fld.dv, fld.fv, fld.bc_code_v, 1)
23      navVel.modify_velocity()
24
25      # SMAC step 2
26      navD.calc_d()
27
28      # SMAC step 3
29      ite, res = navP.calc_p(jacobi.solve)
30
31      # SMAC step 4
32      navPress.calc_pressure_term(fld.dp)
33      navVel.modify_velocity()
34      return ite, res
35
36
```

6.5 流れ解析の実行

```
37  if __name__ == '__main__':
38      import channelset
39      fld.make_field(10, 15, 5.0, 1.0)
40      channelset.initialize()
41      steps = 10
42      for st in range(steps):
43          ite, res = smac()
44          print(f"step: {st:4d} iteration: {ite:6d} residual: {res:.3e}")
45
46      show.array(fld.fp, "fp")
```

このソースコードを作成して

```
python3 channel1.py
```

と実行すると，ヤコビ法モジュールからの収束の経過報告が流れていき，最後に

```
    solving  44000 1.436e-06
    solving  45000 1.007e-06
step:    0 iteration:   45019 residual: 9.997e-07
    solving      0 1.995e-06
    solving   1000 1.397e-06
step:    1 iteration:    1941 residual: 9.996e-07
step:    2 iteration:       0 residual: 9.993e-07
step:    3 iteration:       0 residual: 9.986e-07
step:    4 iteration:       0 residual: 9.975e-07
step:    5 iteration:       0 residual: 9.962e-07
step:    6 iteration:       0 residual: 9.946e-07
step:    7 iteration:       0 residual: 9.926e-07
step:    8 iteration:       0 residual: 9.903e-07
step:    9 iteration:       0 residual: 9.878e-07
---- <<< fp (range 0.000e+00 to 4.667e+02)>>>
 14: 0987542100
 13: 9987542100
 12: 9987542100
 11: 9987542100
 10: 9987542100
  9: 9987542100
  8: 9987542100
  7: 9987542100
  6: 9987542100
  5: 9987542100
  4: 9987542100
  3: 9987542100
  2: 9987542100
  1: 9987542100
  0: 0987542100
```

のような結果を得ることができます（残差や細かな数値は若干異なるかもしれません）．まだ 10 ステップだけではありますが，ついに流れのシミュレーションを実行できました．

最後に表示されているのは圧力分布です．圧力が x 軸に沿って一様に下がっているのは期待どおりです．では，もう少し定量的に圧力を見てみましょう．理論解からは，平均流速 U_m，チャネル幅 H のとき，

$$\frac{\partial p}{\partial x} = -12(\rho\gamma)\frac{U_m}{H^2}$$

となることがわかっています．channelset.py の中で $U_m = 1.0$, $H = 1.0$, また field.py の中で $\rho \times \gamma = 1.0 \times 10^1$ と設定されているので，

$$\frac{\partial p}{\partial x} = -120$$

であれば正しい解といえます．

圧力分布をグラフにするための簡単な関数 draw() を，ファイル postDist.py で作ります．

コード 6.12　postDist.py: 計算結果のグラフ化

```python
import numpy
import matplotlib.pyplot as plt
import field as fld


def draw(phi, name):
    fx = numpy.zeros(fld.nmax)
    for n in range(fld.nmax):
        xx, _ = fld.get_pos(n)
        fx[n] = xx

    plt.plot(fx, fld.fp, "o")
    plt.xlabel("x")
    plt.ylabel(name)
    plt.show()


if __name__ == '__main__':
    import show
    import channel1
    import channelset

    fld.make_field(10, 10, 5.0, 1.0)
```

```
24      channelset.initialize()
25      steps = 10
26      for st in range(steps):
27          ite, res = channel1.smac()
28          print(f"step: {st:4d} iteration: {ite:6d} residual: {res:.3e}")
29
30      show.array(fld.fp, "fp")
31      draw(fld.fp, "pressure")
```

そして，channel1.py の末尾に

```
32      import postDist
33      postDist.draw(fld.fp, "pressure")
```

と書き足して実行すると，縦軸に圧力，横軸に x をとった，図 6.4 のようなグラフが表示されます．

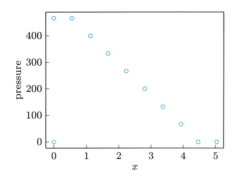

図 6.4　channel1.py で計算した圧力分布のグラフ

境界条件ノードの位置から，圧力を解いているのは $x = 0.5$ から 4.5 の範囲なので，期待すべき圧力差は $4 \times 120 = 480$ [Pa] になります．結果は，この値とぴたり同じにはなりませんが，近いものとなりました[†]．

---

† この値をより理論どおりに近い値にするためには，WALL 境界での境界速度の扱いを修正する必要があります．理論的な速度分布は y の 2 次式の形なので，一定値あるいは 1 次の差分式の内挿を用いた境界条件では，理論と同じ値を設定できません．壁面においては直接に壁面せん断応力を評価して式に組み込めば，かなり改善できます．

> **Column　バージョン管理ツールの利用**
>
> 　プログラムを作っているときには，間違ってしまうことがよくあります．昨日の夜の段階ではうまく動いていたソースコードを「ほんのちょっと」修正しただけで，めちゃくちゃな結果になることもあります．実は「ほんのちょっと」の変更ではなかったわけです．ソースコードを修正した直後であれば，エディタの undo 機能でもとに戻せますが，後日になって気づいた場合には戻せないこともあります．
> 　こんなとき，普段からバージョン管理ツールを使っておくと，助かるかもしれません．このようなソフトとしては Git, hg (Mercurial) などが有名です．これらはファイルがどのように変化してきたかの履歴を記録して管理してくれるので，こまめに登録 (check in) しておくと，過去に登録した任意の時刻のファイル群の状態を再現できます．
> 　筆者は Git というツールで履歴を記録しています．普段はターミナルで Git コマンドを実行して check in などをしていますが，少し複雑な操作をするときは Sourcetree という Git の支援ツールで行うこともあります．
> 　筆者にとってバージョン管理ツールは，登山におけるロープのような安全用具です．ロープなしで一気に崖を登れば，余計な作業をせずに効率的かもしれませんが，一つの失敗は崖下への転落とゼロからのやり直しになります．これに対して，ロープをところどころに固定しながら登っていくなら，スピードは上がらないかもしれませんが，堅実であり，足を踏み外してもそれほど落ちずに再開できます．あるいはコンピュータゲームでの「セーブ」にあたるといってもよいかもしれません（回数に制限なく，任意の場所で「セーブ」をできるということです）．
> 　プログラムの開発でバージョン管理ツールを使っていると，一歩一歩確かめながらソースコードを直してゆき，おかしくなったら修正前の状態に戻してやりなおす，というやり方をとることができます．また，新しいことを試したいときには "branch" という分岐を作って試し，駄目だとわかれば branch を削除してもとに戻ることもできます．
> 　バージョン管理ツールは，ソースコードだけではなくコンピュータで扱われる任意のファイルを管理できます．筆者は，この本のテキストや図のファイルも，すべて Git で管理しています．

● 本章のまとめ ●

- 2 次元チャネル流れを解くソースコードを構築し，計算しました．
- 関数ごとに明確な目的を与えて作成し，テストしたうえで組み合わせるやり方を学びました．

第7章
後処理

　前章では，流れ場を解析するソースコードを作成して実行し，数値データを得ることができました．解いた流れ場の数値データは，目で見てわかるように変換すると便利です．このような計算の後の処理を後処理 (post process) とよびます[†]．本章では，この後処理について学びます．

7.1　結果の可視化

　物体に加わっている圧力の総和を求めたり，全圧の差からエネルギーの変化を求めたりすることなど，後処理にはさまざまな数値処理が含まれます．そのうち，速度ベクトルや等値面，流線などの形で流れ場の様子を目で見て理解できるようにする後処理のことを，とくに可視化 (visualization) とよびます．
　可視化は，

- 圧力や速さ，速度成分，温度などのスカラー量の分布の表示
- 流速などのベクトル量の表示
- 流線，流跡線，流脈線などの曲線群の表示
- 境界面，壁面などの表示

の4種類に大別でき，これらのうち複数を同時にグラフィックスにすることもしばしばあります．また，3次元空間中の量の分布を把握するのはなかなか難しいことから，平面あるいは曲面上での分布として表示させることもあります．
　実際に可視化をする前に，その下働きをするための canvas モジュールをファイル canvas.py として作っておきましょう．このモジュールでは，幅 width, 高さ

[†] ちなみにシミュレーション計算の前に計算格子を準備したりする事前の作業のことを，前処理 (pre process) とよびます．

heightの描画画面を用意して，そこに線や色を指定して描き，ファイルに保存する関数を実装しています．

コード7.1　canvas.py: 可視化の支援関数

```
1  import matplotlib.pyplot as plt
2
3
4  def make(width, height):
5      plt.figure(figsize = (width, height))
6      plt.xlim(0.0, 1)
7      plt.ylim(0.0, 1)
8
9
10 def drawline(p0, p1, color):
11     line(p0[0], p0[1], p1[0], p1[1], color)
12
13
14 def line(x0, y0, x1, y1, color):
15     posx = (x0, x1)
16     posy = (y0, y1)
17     plt.plot(posx, posy, color = color)
18
19
20 def color_level(val):
21     val = min(val, 1.0)
22     val = max(val, 0.0)
23
24     if val < 0.25:
25         red = 2.0 * val
26         green = 4.0 * val
27         blue = 1.0
28
29     elif val < 0.5:
30         red = 0.0
31         green = 1.0
32         blue = 2.0 - 4.0 * val
33
34     elif val < 0.75:
35         red = 4.0 * val - 2.0
36         green = 1.0
37         blue = 0.0
38
39     else:
40         red = 1.0
41         green = 4.0 - 4.0 * val
42         blue = 0.0
43
```

```
44        return (red, green, blue)
45
46
47   def show():
48        plt.show()
49
50
51   def save(filename):
52        plt.savefig(filename)
53
54
55   if __name__ == '__main__':
56        make(5.0, 5.0)
57        line(0.1, 0.1, 0.9, 0.1, "red")
58        plt.show()
```

7.2 スカラー量の可視化

　圧力などのスカラー量を可視化するには，ある平面あるいは曲面上での値の分布を色で塗り分けるか，空間の中の等値面あるいは等値線を描くことが多いです．ここでは，2次元の物理量 ϕ の等値線（等値面）の描き方の例を示します．

　まず，二つのノードを結ぶ一つの線分（図 7.1 の $\mathbf{x}_0$ と $\mathbf{x}_1$ を結ぶ線）に着目します．この線分の両端での ϕ の値をそれぞれ ϕ_0, ϕ_1 としましょう．この線分が，値が Φ となる等値線と交差するなら，

$$(\Phi - \phi_0) * (\Phi - \phi_1) \leq 0$$

が成り立つはずです．

　そして，この不等式が成り立つとき，この線分の両端の点の位置 $\mathbf{x}_0$ と $\mathbf{x}_1$ の間の

$$\mathbf{x}_{01} = \mathbf{x}_0 + t(\mathbf{x}_1 - \mathbf{x}_0)$$

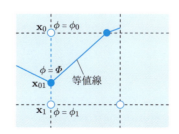

図 7.1　等値面（等値線）を描く手法

の位置で値が Φ となります．ただし $c = 1.0 \times 10^{-6}$ 程度の小さな値を用いて，t は

$$\begin{cases} t = \dfrac{\Phi - \phi_0}{\phi_1 - \phi_0} & (|\phi_1 - \phi_0| > c) \\ t = 0.5 & (|\phi_1 - \phi_0| \leq c) \end{cases}$$

とします．計算ノードを結ぶ線分のそれぞれについて上のような計算を行い，得られる交点 $\mathbf{x}_{01}$ を結ぶ線を描けば，等値面を表示できます．具体的には，2次元の場合，一つのセルの中で交点が二つあれば，それらを結ぶ直線を描きます．

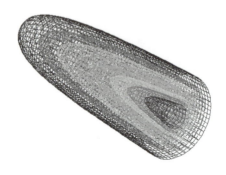

図 7.2　3次元での等値面の例

7.2　スカラー量の可視化

3次元の場合には，交点が三つあればそれらを三角形として描画します．三角形を塗りつぶせば，よりリアルな等値面を描くこともできます．この手法で可視化した3次元スカラー量の等値面の例を図 7.2 に示します．このように，あえて面を塗りつぶさずに等値線で描画すると，複数の等値面の様子を見ることができます．

ここで，channelset.py で作成される初期値の流速 u の分布を，等値線として可視化してみましょう．そのために，postScalar.py に先ほど説明したアルゴリズムを実装してみます．

postScalar.py はかなり長いですが，基本的に上での説明をそのままソースコードにしたものです．

コード 7.2　postScalar.py: スカラー量の可視化 (Part1)

```python
# @ Part1
import math
import matplotlib.pyplot as plt

import field as fld
import canvas


def draw(phi, fmin1, fmax1, number):
    width = 10.0
    height = width * fld.area[1] / fld.area[0]
    canvas.make(width, height)

    plt.xlim(0.0, fld.area[0])
    plt.ylim(0.0, fld.area[1])

    if number <= 1:
        number = 1
        ddf = 0.0
        fmin1 += (fmax1 - fmin1) * 0.5  # draw at the center of range
    else:
        ddf = (fmax1 - fmin1) / (number - 1)
        if abs(ddf) < 1.0e-14:
            number = 1            # all value is almost same.

    for iii in range(number):
        fff = fmin1 + float(iii) * ddf
        print("  value on line: ", fff)
        color = scalar_color(iii, number)
        draw_cell_directly(phi, fff, color)

    plt.show()
```

3行目で，描画のためのmatplotlib.pyplotモジュールをインポートしています．9行目からの関数draw()で，配列phiのスカラー値を可視化する処理を引き受けています．このとき，図の横幅は10，縦幅はフィールドの比率から決めます（10〜11行目）．等値線の指定が1未満，すなわち指定がおかしい場合には1本として処理します（17〜20行目）．26行目からは，値fffの等値線を描くために関数を呼び出しています．32行目の関数show()で，画面に表示させます．

コード7.2　postScalar.py (Part2)

```
35  # @ Part2
36  def draw_cell_directly(phi, fff, color):
37      n0 = fld.n0
38      n1 = fld.n1
39
40      for j in range(n1 - 1):
41          for i in range(n0 - 1):
42              np0 = i + j * n0
43              np1 = np0 + 1
44              np2 = np0 + n0
45              np3 = np0 + n0 + 1
46              draw_cell(np0, np1, np2, np3, phi, fff, color)
```

36行目からの関数draw_cell_directly()は，一つのセルについて指定された値fffの等値線を描く準備をしています．具体的にはセルの角の四つのノードnp0, np1, np2, np3のインデックスを抽出して，関数draw_cell()を呼び出しています．

コード7.2　postScalar.py (Part3)

```
49  # @ Part3
50  def draw_cell(np0, np1, np2, np3, phi, fff, color):
51
52      is_crossed = [False, False, False, False]
53      is_valid = [False, False, False, False]
54
55      if fld.bc_code_p[np0] == fld.LIQUID:
56          is_valid[0] = True
57
58      if fld.bc_code_p[np1] == fld.LIQUID:
59          is_valid[1] = True
60
61      if fld.bc_code_p[np2] == fld.LIQUID:
62          is_valid[2] = True
63
```

```
64        if fld.bc_code_p[np3] == fld.LIQUID:
65            is_valid[3] = True
66
67        if is_valid[0] and is_valid[1]:
68            is_crossed[0], cp0 = is_crossing(fff, np0, np1, phi)
69
70        if is_valid[1] and is_valid[3]:
71            is_crossed[1], cp1 = is_crossing(fff, np1, np3, phi)
72
73        if is_valid[3] and is_valid[2]:
74            is_crossed[2], cp2 = is_crossing(fff, np3, np2, phi)
75
76        if is_valid[2] and is_valid[0]:
77            is_crossed[3], cp3 = is_crossing(fff, np2, np0, phi)
78
79        if is_crossed[0]:
80            if is_crossed[1]:
81                canvas.drawline(cp0, cp1, color)
82
83            if is_crossed[2]:
84                canvas.drawline(cp0, cp2, color)
85
86            if is_crossed[3]:
87                canvas.drawline(cp0, cp3, color)
88
89        if is_crossed[1]:
90            if is_crossed[2]:
91                canvas.drawline(cp1, cp2, color)
92
93            if is_crossed[3]:
94                canvas.drawline(cp1, cp3, color)
95
96        if is_crossed[2]:
97            if is_crossed[3]:
98                canvas.drawline(cp2, cp3, color)
```

　50 行目からの関数で，実際に等置線を描きます．流体でないノードは除外し，さらにセルの四つの辺において，等置線の交点があるかどうかを判定して変数 is_crossed[] に結果を入れています．判定が終わった後で，交点どうしを結ぶような描画を関数 canvas.drawline() で行います．

コード 7.2　postScalar.py (Part4)

```python
# @ Part4
def is_crossing(fff, index0, index1, phi):
    val0 = phi[index0]
    val1 = phi[index1]
    pos = [0.0, 0.0]

    if (fff - val0) * (fff - val1) > 0.0:
        return False, pos                  # not cross

    # print("is_crossing: ", fff, val0, val1)

    ttt = 0.5
    if math.fabs(val0 - val1) < 1.0e-9:
        ttt = 0.5
    else:
        ttt = (fff - val0) / (val1 - val0)

    pos0 = fld.get_pos(index0)
    pos1 = fld.get_pos(index1)

    pos[0] = pos0[0] + ttt * (pos1[0] - pos0[0])
    pos[1] = pos0[1] + ttt * (pos1[1] - pos0[1])

    return True, pos
```

関数 `is_crosssing()` は，二つのノードを結ぶ線分と，値が `fff` となる等値線との交点が存在するかどうかを計算しています．

コード 7.2　postScalar.py (Part5)

```python
# @ Part5
def scalar_color(level, number):
    if number == 1:
        return 0, 0, 0
    ratio = float(level) / float(number - 1)
    return canvas.color_level(ratio)
```

関数 `scalar_color()` は，値 `level` によって等値線の色を決めています．

コード 7.2　postScalar.py (Part6)

```python
# @ Part6
if __name__ == '__main__':
    import channelset
    fld.make_field(10, 10, 5.0, 1.0)
```

```
139    channelset.initialize()
140    draw(fld.fu, 0.0, 1.5, 8)
```

136 行目の main 部で，channelset の初期分布を生成し，その流速 u の等値線を描くテストを行なっています．

これを直接実行してテストしてみると，図 7.3 のようなグラフィックスが表示され，流速 u の分布を見ることができます．ターミナルに表示される value on line: の後の数値が，等値線を描いている値になります．線の色は，最低値から最大値へ青，緑，黄，赤へと変化しています．また等値線は，LIQUID のノードの間でだけ描くようにしています．なお，本書では印刷の都合上，すべて青色で表示しています．

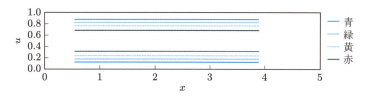

図 7.3　postScalar.py による速度分布の計算結果

7.3　ベクトル量の可視化

流速のようなベクトルを描くのは比較的簡単です．矢印で描かれることが多いですが，四角錐あるいは三角錐の形状で速度ベクトルを表示するやり方もあります．

ノードの位置が $\mathbf{x}$，その場所における速度ベクトルが $\mathbf{v}$ であるような矢印を描くとき，描くベクトルの大きさを調整する係数 τ を用いて，†

$$\mathbf{y} = \mathbf{x} + \tau\mathbf{v}$$

となる位置 $\mathbf{y}$ を求め，位置 $\mathbf{x}$ から $\mathbf{y}$ へ向けて矢印を描きます．

2 次元のベクトルの場合，図 7.4 のように，矢の長さ $L = |\tau\mathbf{v}|$ に対して，長さを $0.25L$，角度 $\theta = 10\,[\mathrm{deg}]$ 程度の「矢の先端部」を追加するなどすれば，「矢印」を描画できます．

3 次元の場合にはさまざまな方向から見ることがあるため，「矢の先端部」を三

---

† τ は時間の次元をもちます．これはスケール，スケーリングなどとよばれます．

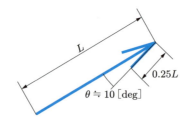

図 7.4 矢印の描画の例（2 次元）

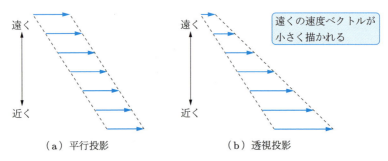

図 7.5 同じ長さの流速ベクトルの投影法による違い

つ，あるいは四つ描くことがあります．それでも視点の方向によって先端部の見え方が変わるので，平行投影あるいは透視投影の計算をした後の，2 次元に描画する段階で矢を描くやり方もあります．

また 3 次元の場合，遠近法を反映した透視投影を行うと，図 7.5(b) のように遠くにある速度ベクトルが小さく描かれてしまうため，速度の大小が図からは判読できなくなってしまいます．このため，3 次元のベクトルの可視化では透視投影を用いず，(a) で示す平行投影などを行うことがあります．

計算結果に対して流速ベクトルを描く関数を，次のように postVector.py の中に作成します．

コード 7.3 postVector.py: 流速ベクトルの描画

```
1  import field as fld
2  import matplotlib.pyplot as plt
3
4
5  def draw():
6      width = 10.0
7      height = width * fld.area[1] / fld.area[0]
8      plt.figure(figsize = (width, height))
```

```
 9        plt.grid()
10        plt.xlim(0.0, fld.area[0])
11        plt.ylim(0.0, fld.area[1])
12
13        for n in range(fld.nmax):
14            p = fld.get_pos(n)
15            v = fld.get_vel(n, 3)   # 3: pressure position
16            plt.quiver(p[0], p[1], v[0], v[1], color = "red", scale = 20)
17        plt.show()
18
19
20   if __name__ == '__main__':
21       import channelset
22       fld.make_field(10, 10, 5.0, 1.0)
23       channelset.initialize()
24       draw()
```

matplotlibには2次元の速度ベクトルを描くコマンドがすでに用意されていますので，比較的短いソースコードで実装できています．なお流速ベクトルは，スタガード位置のものではなく圧力ノード，すなわちセル中心における値を計算して表示しています．

作成した関数を用いて6章で求めた速度場を表示した例を，図7.6に示します．

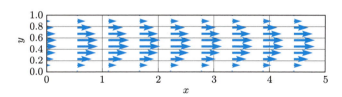

図7.6 流速ベクトル表示の例

7.4 流線の可視化

7.4.1 ● 流線，流脈，流跡

流れを見るためによく使われる実験の手法に，流体の中に流れとともに動く小さな物体を入れ，その物体の移動を追跡するやり方があります．この物体はトレーサー (tracer) とよばれ，インクや小さな泡，小さな粒子，煙などさまざまなものが用いられます．その結果として得られる曲線には複数のものがあり，それぞれ微妙に異なります．

- **流脈 (streak line)**　流脈は，特定の一点を通過した流体のつながりと定義されます．たとえば，注射器で液体の中にインクを少しずつ注入すると，注入されたインクは液体と一緒に流れ，流れの様子を曲線として明瞭に見ることができます．この場合は注射器の針の先端が，上の定義の「特定の一点」であり，インクがつぎつぎと補給されて，流体のつながりが見えるようになります．煙突からの煙が描く線も流脈の一つで，「特定の一点」は煙突の先端にあたります．

- **流跡 (path line)**　流跡は，特定の流体の塊がたどった道筋と定義されます．たとえば，液体の中にきわめて小さな気体の泡を一つ発生させると，泡は周囲の液体の流れに従って移動していきます．ある時刻には泡は一つしか見えませんが，泡のたどっていった位置を記録すると，一本の曲線が得られます．この足跡のような曲線が，流跡です．

- **流線 (stream line)**　流線は，ある瞬間の速度ベクトルをたどっていった線と定義されます．この流線は，実際には見ることは不可能ですが，コンピュータ処理により，目に見えているかのように描くことが可能です．ある位置から流線を描きはじめるときには，その位置の速度ベクトルの向きに少しだけ線を描き，その線の先は新しい位置にあるので，その位置における速度ベクトルの向きに，さらに少しだけ線を描きます．このような操作を繰り返していくと，一本の曲線ができあがります．できあがった流線においては，時間が止まっていることに注意してください．流脈，流跡ともに，時間経過によりインクや泡が移動することで曲線が描かれますが，流線は時間を止めた状態で描かれます．

時間が過ぎても流れの状態が変化しない流れ，すなわち定常流の場合には，これら3種類の曲線は一致します．しかし，非定常流の場合には差が生じます．

7.4.2 ● 流線の計算方法

流線は，上での説明のように，ある時刻における速度ベクトルを積分して得られる曲線です．

流線を描くには，定義どおりに，ある始点から速度ベクトルを積分していきます．すなわち，追跡の n ステップ目の座標位置 $\mathbf{x}^n = (x^n, y^n, z^n)$ での速度ベクト

図 7.7　流線の定義

ルを $\mathbf{v}^n$ として求められるとし，この速度ベクトルに従って仮想的な時間ステップ $\Delta\tau$ の間に進んだ位置 $\mathbf{x}^{n+1}$ を求めることを繰り返します．

ただし，陽的なオイラー積分

$$\mathbf{x}^{n+1} = \mathbf{x}^n + \Delta\tau\mathbf{v}^n$$

では積分精度がやや不足し，速度場によっては流線が固体内部に入り込んでしまったりします．そこで，クランク–ニコルソンの積分式

$$\mathbf{x}^{n+1} = \mathbf{x}^n + \frac{\Delta\tau}{2}(\mathbf{v}^{n+1} + \mathbf{v}^n)$$

すなわち

$$\mathbf{x}^{n+1} - \frac{\Delta\tau}{2}\mathbf{v}^{n+1} = \mathbf{x}^n + \frac{\Delta\tau}{2}\mathbf{v}^n \tag{7.1}$$

を用いるのがよいとされています．ただしこの式は半陰解法なので，繰り返し計算などで解を求める必要があります．以下に，この式の解の求め方を説明します．

ここでは，格子セルが長方形でない場合でも使える式を考えます．また簡単のため，スタガードではない格子で説明します．2次元の格子セルの中に追跡中の点 $\mathbf{x}_s$ が存在するものとすると，図 7.8 に示すように内挿係数 (s_0, s_1) を用いたバイリニア内挿式

$$\mathbf{x}_s = (1-s_0)(1-s_1)\mathbf{x}_{00} + s_0(1-s_1)\mathbf{x}_{01} + (1-s_0)s_1\mathbf{x}_{10} + s_0 s_1\mathbf{x}_{11}$$

で位置を表すことができます．同様に，この位置での速度は

$$\mathbf{v}_s = (1-s_0)(1-s_1)\mathbf{v}_{00} + s_0(1-s_1)\mathbf{v}_{01} + (1-s_0)s_1\mathbf{v}_{10} + s_0 s_1\mathbf{v}_{11}$$

と内挿できます．

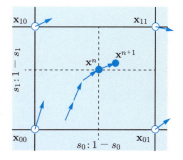

図 7.8 セル内部での速度内挿と追跡

$\mathbf{x}^n, \mathbf{v}^n$ は既知であるとすれば，式 (7.1) の右辺も既知となります．この右辺を $\mathbf{q}$ とします．そして，$\mathbf{x}^{n+1}, \mathbf{v}^{n+1}$ に対応する係数 (s_0, s_1) を用いて展開すると，式 (7.1) は

$$(1-s_0)(1-s_1)\left(\mathbf{x}_{00} - \frac{\Delta\tau}{2}\mathbf{v}_{00}\right) + s_0(1-s_1)\left(\mathbf{x}_{01} - \frac{\Delta\tau}{2}\mathbf{v}_{01}\right)$$
$$+(1-s_0)s_1\left(\mathbf{x}_{10} - \frac{\Delta\tau}{2}\mathbf{v}_{10}\right) + s_0 s_1\left(\mathbf{x}_{11} - \frac{\Delta\tau}{2}\mathbf{v}_{11}\right) = \mathbf{q}$$

となります．

この式を，次に示す多次元のニュートン–ラフソン法 (Newton–Raphson method) などで解いて (s_0, s_1) を得ることを繰り返せば，解が得られます．

多次元のニュートン–ラフソン法

方程式

$$F_j(s_0, s_1, s_2) = 0 \quad (j = 0, 1, 2) \tag{7.2}$$

を解くために，ある解の候補 s_i $(i = 0, 1, 2)$ があるとして，この解を

$$s_i + \delta_i$$

と修正したものが方程式の解になるように修正を行います．式 (7.2) を

$$F_j(s_0 + \delta_0, s_1 + \delta_1, s_2 + \delta_2) = 0 \quad (j = 0, 1, 2)$$

として，左辺をテーラー展開近似すると，

$$F_j(s_0, s_1, s_2) + \sum_{m=0}^{2} \frac{\partial F}{\partial s_m}\delta_m = 0$$

から

$$\sum_{m=0}^{2} \frac{\partial F_j}{\partial s_m}\delta_m = -F_j(s_0, s_1, s_2)$$

を得ます．これは 3 元連立方程式なので，容易に解くことができます．この手続きを繰り返して収束すれば解が得られます．

問題 7.1

$t = 0$ 秒から 2 秒未満の間には，流れの速度がどの場所でも $u = 1\,[\mathrm{m/s}], v = 0.5\,[\mathrm{m/s}]$ であり，$t = 2$ 秒のときに流れの速度がどの場所でも $u = 1, v = -0.5$ に変化したとし

ます．$t=1$, $t=1.9999$, $t=3$ の時点での流線，流跡，流脈をそれぞれ描きなさい．ただし流跡は，$t=0$ の瞬間に原点にトレーサーを入れます．また流脈は $t=0$ から原点からインクを流しはじめるものとします．流線も，原点を通るもののみ描いてください．

（ヒント：流跡について，一度ついた「足跡」は流れ場が変わっても変化しません．流脈について，流れ場の中に大量のトレーサーが同時に存在していて，それらが流れ場に応じて動きます．流線は過去の流れ場に影響されません．）

一番間違いやすい $t=3$ のときの結果のみ，図 7.9 に示します（重ならないように，線は少しずらして描いています）．

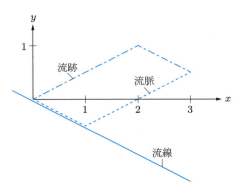

図 7.9 $t=3$ での流線（実線），流脈（破線），流跡（一点鎖線）

7.5 渦の強さを示す量

流れの解析においては，圧力や速度ベクトル以外の物理量を知りたいことがあります．とくに渦 (vortex) についての量は，流れの状況を知るためにも重要となります．このような量には，渦度，ヘリシティなどがあります．

7.5.1 ●渦度

流れの渦に対する最も一般的な指標は，渦度 (vorticity) です．以下に定義を示します．

x 軸，y 軸，z 軸のまわりの渦度成分はそれぞれ

$$\omega_x \equiv \frac{\partial w}{\partial y} - \frac{\partial v}{\partial z}, \quad \omega_y \equiv \frac{\partial u}{\partial z} - \frac{\partial w}{\partial x}, \quad \omega_z \equiv \frac{\partial v}{\partial x} - \frac{\partial u}{\partial y}$$

と定義されていて，これらから渦度ベクトルは

$$\boldsymbol{\omega} = (\omega_x, \omega_y, \omega_z)$$

と定義されます．ベクトルの書き方を使えば，

$$\boldsymbol{\omega} \equiv \nabla \times \mathbf{v}$$

となります．単に「渦度」といったとき，渦度ベクトルの長さ（絶対値）を示す場合と，ある指定軸のまわりの渦度成分を意味する場合とがあるので，注意してください．

渦度は一般的に，渦の強さを表す指標として理解されますが，必ずしも流れの旋回を表すとは限りません．たとえば，「自由渦」とよばれる流れの領域では渦度は0なのですが，そこでも流体は旋回運動をしています．一方，境界層の中のように速度勾配（たとえば $\partial u/\partial y$）が大きいところでは，流体が旋回の運動はしていなくても，渦度は大きな値をとります．

7.5.2 ● ヘリシティ

流れが旋回しながら回転軸方向へも流れていく竜巻のような流体運動は，強さの程度の違いはあれ，よく見られます．このような渦の強さの指標として，ヘリシティ (helicity) あるいはその絶対値が用いられます．その定義は

$$H \equiv \boldsymbol{\omega} \cdot \mathbf{v}$$

すなわち渦度ベクトルと，その位置での流速ベクトルとの内積です．ヘリシティの正負は渦の回転方向と対応しているので，単純に渦運動の強さを知るには，ヘリシティの絶対値を使います．

7.5.3 ● そのほかの指標

渦の指標には上に示した渦度，ヘリシティのほかに，「Q 値」や「旋回関数 [3]」など多数のものが提案されています．

ここまでに示した渦の強さの評価指標には，それぞれ特徴があります．表 7.1 にこれをまとめました．また，図 7.10 に表 7.1 中に挙げた流れ場の様子を示します．

表 7.1　渦の強さの指標の性質

渦の指標	速度勾配	2 次元渦	3 次元渦
渦度	値あり	値あり	値あり
ヘリシティ	値なし	値なし	値あり
旋回関数，Q 値	値なし	値あり	値あり

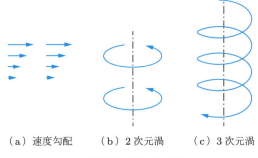

(a) 速度勾配　　(b) 2次元渦　　(c) 3次元渦

図 7.10　流れ場の例

　軸方向には流れていない2次元的な渦では，ヘリシティは0になります．また，渦が弱くても軸方向の速度成分が大きいと，値が大きくなります．

　Q値や旋回関数は，局所的に流れが旋回している量を表す指標です．2次元的，3次元的な渦の両方で値をもちます．これらの性質を理解したうえで，知りたい渦に適合した指標を選択することが重要です．

　渦の旋回中心軸を求める方法としては，沢田の提案した方法 [4] が広く用いられています．

本章のまとめ

- スカラーおよびベクトルの可視化方法について学びました．
- 流線，流脈，流跡について学びました．

第8章
流れ計算の改良

前章までで，流れを解いてその様子を見ることができるようになりました．しかし，ここまでのソースコードでは実際の流れを解くには計算速度が不十分ですし，解ける流れも限られています．この章では改良のやり方について学びましょう．

8.1 高速な求解法

SMAC 法の計算では，その計算時間のうちの大半をポアソン方程式の求解に費やしています．そのためポアソン方程式を高速に解ければ，計算速度を劇的に上げることができます．幸いなことに，ポアソン方程式を高速に解くためのアルゴリズムには SOR 法，BiCGStab 法 [5]，残差切除法 [6] など，多数が研究され報告されています．ここでは BiCGStab 法と SOR 法，TDMA 法を紹介します．

数値シミュレーションの開発において高速化は本来後回しにすべきで，正しい解を出せるものを作るのが第一なのですが，計算結果が出るまでの時間が短ければ開発の効率を上げることができます．そこで，流れを解けるようになったこの段階で，高速な求解法を実装してみましょう．

8.1.1 ● BiCGStab 法

BiCGStab 法 (biconjugate gradient stabilized method) は，高速に解を得られることに加え，比較的簡単に実装できる利点をもちます[†]．このため，並列計算や GPU での計算にも，比較的簡単に適用できます．ただし，ヤコビ法や後述する SOR 法に比べると，メモリの使用量は多くなってしまいます．

この手法については論文 [5] や研究報告，実装したソースコードなど，多くの情報が公開されています．

---

† これを改良した BiCGStab2 法も発表されています．

BiCGStab 法は，一般的な連立 1 次方程式を解くための手法です．ここではポアソン方程式

$$\mathcal{L}(\mathbf{f}) = \mathbf{d} \tag{8.1}$$

を解くものとして，手順を説明します．ソースコードも同時に示します．このソースコードは，ここまで使ってきた jacobi.py の solve() と取り替えられるような solve() 関数をもった，ファイル bicgstab.py として実装しています．

■ **ステップ 1** 係数の初期値を次のように与えます．

$$\beta = 0, \quad \omega = 1$$

また，解 $\mathbf{f}$ の初期推定値を $\mathbf{f}^{(0)}$ として，そのときの残差を

$$\mathbf{r}^{(0)} = \mathbf{d} - \mathcal{L}(\mathbf{f}^{(0)}) \tag{8.2}$$

と定義します．右肩の () 付きの数値は繰り返しの回数を表しています．

以下に，ステップ 1 までのソースコードを示します．

コード 8.1 bicgstab.py: BiCGStab 法による求解 (Part1)

```
# @ Part1
import math
import numpy
SMALL_FLOAT = 1.0e-20


def solve(Lap, phi, rhs, max_iteration, residual_limit, monitor = 1000):
    # Solve Lap(phi) = rhs ,  by BiCGStab method.
    # Return (iteration, residual)

    nmax = len(phi)
    work_p = numpy.zeros(nmax)
    work_t = numpy.zeros(nmax)
    work_s = numpy.zeros(nmax)
    work_v = numpy.zeros(nmax)
    work_r = numpy.zeros(nmax)
    work_rt = numpy.zeros(nmax)
    ite = 1
    omega = alpha = rho_2 = 1.0
    beta = 0.0

    err_limit = 1.0e-8
    resid = 1.0e6                       # total residual
```

```
25        Lap(work_r, phi)                    # step 1
26        work_r = rhs - work_r
```

12〜17 行で，計算に必要となる一時的な変数を確保しています．`solve()` が呼び出されるたびに `work_r` などの配列を確保するのは時間の無駄なのですが，ここではわかりやすさを優先して，毎回 `zeros()` で確保しています．

その後，上で示したステップ 1 の手順を実行しています．26 行目のようなベクトルの計算は，ほぼ数式のままに近い形で書けていることがわかります．

■ ステップ 2　この初期残差を変数 $\tilde{\mathbf{r}}$ に保存しておきます．

$$\tilde{\mathbf{r}} = \mathbf{r}^{(0)}$$

■ ステップ 3　ベクトルの内積 $\rho^{(i)}$ を求めます．この平方根を初期残差とします．

$$\rho^{(i)} = \tilde{\mathbf{r}} \cdot \mathbf{r}^{(i)} \tag{8.3}$$

ステップ 2 および 3 は，ソースコードでは以下のように実装できます．

コード 8.1　bicgstab.py (Part2)
```
29    # @ Part2
30        work_rt[:] = work_r                      # step 2
31        rho_1 = numpy.dot(work_rt, work_r)       # step 3
32        resid0 = math.sqrt(rho_1)
```

この部分は関数の内部であり，四つのスペースでインデントされていることに注意してください．内積は NumPy の `dot()` 関数で計算しています．内積の結果の $\rho^{(i)}$ は変数 `rho_1` に，初期残差は変数 `resid0` に収められます．

■ 繰り返し　$i = 0, 1, ..$ について以下の手順を繰り返します．

■ ステップ 4　ベクトル $\mathbf{p}^{(i)}$ を次のように決めます．この $\mathbf{p}^{(i)}$ は圧力とは関係ない一時的な変数です．$i = 0$ のときは $\beta = 0$ から $\mathbf{p}^{(0)} = \mathbf{r}^{(0)}$ となります．

$$\mathbf{p}^{(i)} = \mathbf{r}^{(i)} + \beta(\mathbf{p}^{(i-1)} - \omega \mathbf{v}^{(i-1)})$$

■ ステップ 5　ベクトル $\mathbf{v}^{(i)}$ を求めます．

$$\mathbf{v}^{(i)} = \mathcal{L}(\mathbf{p}^{(i)})$$

繰り返しのループとステップ 4 および 5 は，以下のように実装されます．

8.1 高速な求解法

コード 8.1　bicgstab.py (Part3)
```
35  # @ Part3
36      while ite < max_iteration:
37
38          work_p = work_r + beta * (work_p - omega * work_v)   # step 4
39          Lap(work_v, work_p)                                   # step 5
```

　ここではループの後でも繰り返し回数 ite を知りたいので，for 文ではなく while 文でループを作っています．while の直後の条件式 ite < max_iteration が成立している限り，次の行からの部分を繰り返します．繰り返しの中の部分は，さらに 1 段下がって，八つのスペースでインデントされていることに注意してください．

■ **ステップ 6**　係数 α を求めます．

$$\alpha = \frac{\rho^{(i)}}{\mathbf{v}^{(i)} \cdot \tilde{\mathbf{r}}} \tag{8.4}$$

■ **ステップ 7**　ベクトル $\mathbf{s}^{(i)}$ を求めます．

$$\mathbf{s}^{(i)} = \mathbf{r}^{(i)} - \alpha \mathbf{v}^{(i)}$$

　ステップ 6 および 7 は，以下のように実装されます．ほぼ式のとおりに書くことができています．

コード 8.1　bicgstab.py (Part4)
```
42  # @ Part4
43          sdot1 = numpy.dot(work_rt, work_v)     # step 6
44          alpha = rho_1 / sdot1
45
46          work_s = work_r - alpha * work_v       # step 7
```

■ **ステップ 8**　$\mathbf{s}^{(i)} \cdot \mathbf{s}^{(i)}$ を求め，これが十分小さければ収束したとみなして，解を

$$\mathbf{f}^{(i+1)} = \mathbf{f}^{(i)} + \alpha \mathbf{p}^{(i)}$$

として終了します．

　ステップ 8 は，以下のように実装されます．

コード 8.1　bicgstab.py (Part5)

```
49  # @ Part5
50          sdot1 = numpy.dot(work_s, work_s)    # step 8
51          if sdot1 < SMALL_FLOAT:
52              phi += alpha * work_p
53              return (ite, resid)
```

■ ステップ 9　ベクトル $\mathbf{t}^{(i)}$ を求めます.

$$\mathbf{t}^{(i)} = \mathcal{L}(\mathbf{s}^{(i)})$$

■ ステップ 10　係数 ω を求め，もし ω がほぼ 0 であれば計算を打ち切ります.

$$\omega = \frac{\mathbf{t}^{(i)} \cdot \mathbf{s}^{(i)}}{\mathbf{t}^{(i)} \cdot \mathbf{t}^{(i)}} \tag{8.5}$$

ステップ 9 および 10 の実装を以下に示します．いまのソースコードでは，omega の値のチェックは後の 82 行目で行っています．

コード 8.1　bicgstab.py (Part6)

```
56  # @ Part6
57          Lap(work_t, work_s)                   # step 9
58
59          sdot = numpy.dot(work_t, work_s)      # step 10
60          tdot = numpy.dot(work_t, work_t)
61          omega = sdot / tdot
```

■ ステップ 11　次の解 $\mathbf{f}^{(i+1)}$ を求めます.

$$\mathbf{f}^{(i+1)} = \mathbf{f}^{(i)} + \alpha \mathbf{p}^{(i)} + \omega \mathbf{s}^{(i)}$$

■ ステップ 12　次の繰り返し計算のために ρ^{i+1} などを求めておきます.

$$\mathbf{r}^{(i+1)} = \mathbf{s}^{(i)} - \omega \mathbf{t}^{(i)}$$

$$\rho^{(i+1)} = \tilde{\mathbf{r}} \cdot \mathbf{r}^{(i+1)}$$

$$\beta = \frac{\rho^{(i+1)}}{\rho^{(i)}} \times \frac{\alpha}{\omega} \tag{8.6}$$

ステップ 11 および 12 は以下のように実装されます．変数 rho_1 を rho_2 にコピーして，これを $\rho^{(i)}$ として 70 行目で使っています．新しく求めた $\rho^{(i+1)}$ は変数 rho_1 に収め，次の繰り返しで $\rho^{(i)}$ として利用します．

コード 8.1　bicgstab.py (Part7)

```
64  # @ Part7
65      phi += alpha * work_p + omega * work_s    # step 11
66
67      work_r = work_s - omega * work_t          # step 12
68      rho_2 = rho_1
69      rho_1 = numpy.dot(work_rt, work_r)
70      beta = (rho_1 / rho_2) * (alpha / omega)
```

■ **ステップ 13**　次の式の値

$$a \equiv \sqrt{\mathbf{r}^{(i+1)} \cdot \mathbf{r}^{(i+1)}}$$

を残差として求め，これが十分小さければ収束したとみなします．具体的には残差が初期残差の一定倍より小さくなるか，残差そのものが一定値よりも小さくなったら収束したとします．

実装を以下に示します．76 行目から，収束判定をいくつかの条件で行なっています．収束したとみなしたら，break 文で while ループから抜け，95 行目の return 文が実行されて関数が終わります．

コード 8.1　bicgstab.py (Part8)

```
73  # @ Part8
74      resid = math.sqrt(numpy.dot(work_r, work_r))   # step 13
75
76      if resid < err_limit * resid0:
77          break
78
79      if resid < err_limit:
80          break
81
82      if abs(omega) < SMALL_FLOAT:
83          print("warning. omega is almost zero")
84          break
85
86      if resid > 1.0e12:
87          print("warning. too large residual.")
88          break
89
90      # report
91      if monitor > 0 and ite % monitor == 0:
92          print(f"bicgstab {ite:6d} {resid:.4e}")
93
94      ite += 1
```

```
95        return (ite, resid)
```

ヤコビ法のときと同じテストを，Part9 に作成してあります．これが解けないようであれば，高度な計算を解けるはずがありませんので，ここできちんとチェックしておきます．

コード 8.1　bicgstab.py (Part9)

```
98   # @ Part9
99   if __name__ == '__main__':       # for self-testing
100
101      def example(df, f):
102          nmax = len(f)
103          for i in range(nmax):
104              sum = 0.0
105              for j in range(nmax):
106                  sum += D[i][j] * f[j]
107              df[i] = sum
108
109      C = numpy.array([1.0 / 4.0, 0.5, 4.0 / 5.0])
110      D = numpy.array([
111          [1.0, 0.2, 0.5],
112          [0.4, 1.0, 0.6],
113          [0.1, 0.7, 1.0]])
114      f = numpy.zeros(3)
115
116      ite, residual = solve(example, f, C, 100, 1.0e-6)
117
118      check = numpy.dot(D, f)       # check should be same as C[ ]
119      for i, answer in enumerate(check):
120          difference = abs(answer - C[i])
121          if abs(answer - C[i]) > 1.0e-6:
122              print(f"Wrong at {i:4d}, {answer:.4e} vs {C[i]:.4e}",
123                  f" diff {answer - C[i]:.4e}")
```

8.1.2 ● channel1.py に組み込む

この bicgstab.py を使えるよう，channel1.py を一部書きかえたものが channel2.py です．ソースコードの作成にとりかかる前に，channel1.py とどこが違うのかを探してみてください．

コード 8.2　channel2.py: BiCGStab 法を用いたチャネル流れ解析

```python
import field as fld
import show
import navPress
import navUpwind
import navVisc
import navVel
import navD
import navP
import bicgstab as bi


def smac():

    # SMAC step 1
    navUpwind.check_stability()

    navPress.calc_pressure_term(fld.fp)
    navVisc.add_viscous_term(fld.du, fld.fu, fld.bc_code_u)
    navVisc.add_viscous_term(fld.dv, fld.fv, fld.bc_code_v)

    navUpwind.add_convection(fld.du, fld.fu, fld.bc_code_u, 0)
    navUpwind.add_convection(fld.dv, fld.fv, fld.bc_code_v, 1)
    navVel.modify_velocity()

    # SMAC step 2
    navD.calc_d()

    # SMAC step 3
    ite, res = navP.calc_p(bi.solve)

    # SMAC step 4
    navPress.calc_pressure_term(fld.dp)
    navVel.modify_velocity()
    return ite, res


if __name__ == '__main__':
    import channelset
    fld.make_field(10, 15, 5.0, 1.0)
    channelset.initialize()
    steps = 10
    for st in range(steps):
        ite, res = smac()
        print(f"step: {st:4d} iteration: {ite:6d} residual: {res:.3e}")

    show.array(fld.fp, "fp")
```

このように二つのファイルの内容を比較したいときは，ツール `diff` や `fc` を使うと，どこが違うのかをコンピュータが示してくれます[†]．

channel2.py を作成した後で，Unix 系では

```
diff channel1.py channel2.py
```

とターミナルで実行すれば，

```
9c9
< import jacobi
---
> import bicgstab as bi
29c29
<     ite, res = navP.calc_p(jacobi.solve)
---
>     ite, res = navP.calc_p(bi.solve)
```

のように，二つのファイルで違う部分が行番号とともに表示されます．Microsoft Windows を使っている場合には

```
fc channel1.py channel2.py
```

とすると，同等の結果を得られます（やや報告が長いものになりますが）．

つまり channel2.py を作るには，channel1.py の内容をコピーしてから 9 行目と 29 行目を修正すればよいことになります．

さて，完成した channel2.py を以下のようにして走らせてみます．

```
python3 channel2.py
```

今度はほぼ一瞬で解を得られるはずです．実行してみて，channel1.py のときとの計算速度の違いをぜひ体感してみてください．

求解のループ 1 回あたりの計算量は BiCGStab 法のほうが多く，また残差の定義も異なりますが，1 ステップ目の繰り返し回数は channel1.py の場合に比べて激減しています．アルゴリズムを変えると，このような劇的な差が生じることがあります．

[†] `diff` や `fc` はテキストファイルの違いを報告してくれるので，ソースコードを作っているとき以外のさまざまな用途にも活用できます．

実装上の注意点

BiCGStab 法は，通常は非常に速く収束しますが，方程式の右辺 $\mathbf{d}$ の値に不連続が生じたりすると，収束が非常に遅くなることがあります．このような場合，延々と計算してもかえって解がおかしくなるので，一つ前の繰り返し計算での残差と，最新の残差とが 1％程度しか変化しない場合には，そこで計算を打ち切るのがよいと考えます．ただし，計算の初期の段階で打ち切るのはよくありません．

また，β がほぼ 0 のときも，計算を打ち切るのがよいでしょう．そのまま計算を続けると，発散することがあります．

係数を求める式 (8.4), (8.5), (8.6) の分母の値は，1.0×10^{-12} 以下の非常に小さい値になることがあります．このようなとき，計算途中で残差が 1 万倍近く一気に大きくなり，その後の計算で正しい解を得られなくなる場合があります（このとき式の分子もある程度小さい値ではあるのですが，数値計算の誤差の影響が出やすくなっていると推定されます）．実用的な計算では，これらの割り算の結果に制限を設けるなどの安全策をとるのがよいでしょう．

なお，内積計算は，並列計算や GPU 計算では総和を求めるのに意外に時間がかかります．またそれだけではなく，通常の CPU での計算とは加算の順番が変わるために，わずかに異なった内積値になることもあります．すると係数 α, β なども微妙に変わり，反復回数が多い場合には通常の計算と並列計算で得られる解が変わることがあります．とくに大規模な格子での計算をするときには，こういった点にも注意が必要です．

8.1.3 ● SOR 法

SOR 法 (successive over-relaxation method) は，ヤコビ法に加速係数 ω を使い，更新したばかりの値を参照することにより，収束を早める手法です．

$i = 0, ..., n-1$ についての f_i の連立 1 次方程式

$$\sum_{j}^{n} A_{ij} f_i = b_i$$

を解くために，ヤコビ法では $k-1$ 回目の計算値 $f^{(k-1)}$ からの修正 Δf を

$$f^{(k)} = f^{(k-1)} + \Delta f \tag{8.7}$$

と定義して

$$\Delta f = \frac{1}{A_{ii}}\left(b_i - \sum_j A_{ij} f_j^{(k-1)}\right)$$

としましたが，これに加速係数 ω を掛けて

$$\Delta f = \frac{\omega}{A_{ii}}\left(b_i - \sum_j A_{ij} f_j\right) \tag{8.8}$$

とするのが SOR 法です．さらに上の式で $\sum$ の中で，添字が i より小さい f_j については前の繰り返しでの f_j^{k-1} ではなく，更新したばかりの f_j^k を使います．

式 (8.7), (8.8) を繰り返して，残差の集計

$$r = \sum_j^n b_j - A_{ij} f_i$$

で収束を判定するのはヤコビ法と同じです．

SOR 法はヤコビ法よりは高速ですが，n が大きい場合の収束は BiCGStab 法に比べると遅いです．ただし，高速化のための研究がいくつも発表されています．

SOR 法の収束条件

SOR 法が収束するための条件は，$0 < \omega < 2$ です．

この ω は，一般に大きければ収束が速くなるため，$\omega > 1$ とすることが多いです．しかし，方程式によっては不安定となることがあり，その場合には「不足緩和」として，$\omega < 1$ とすることもあります．また，計算の様子を見ながら自動的に ω を調整する方法も研究されています．

8.1.4 ● TDMA 法

連立 1 次方程式

$$\sum_{j=0}^{n-1} A_{ij} f_i = b_i \quad (i = 0, ..., n-1)$$

が三重対角の形式

$$a_i f_{i-1} + b_i f_i + c_i f_{i+1} = d_i$$

の形に書ける．すなわち方程式が

8.1 高速な求解法

$$\begin{bmatrix} b_0 & c_0 & 0 & ... & 0 & 0 \\ a_1 & b_1 & c_1 & ... & 0 & 0 \\ 0 & a_2 & b_2 & ... & 0 & 0 \\ & & & ... & & \\ & & ... & b_{n-2} & c_{n-2} \\ 0 & & ... & a_{n-1} & b_{n-1} \end{bmatrix} \begin{bmatrix} f_0 \\ f_1 \\ f_2 \\ ... \\ f_{n-2} \\ f_{n-1} \end{bmatrix} = \begin{bmatrix} d_0 \\ d_1 \\ d_2 \\ ... \\ d_{n-2} \\ d_{n-1} \end{bmatrix}$$

のように書けるとき,きわめて効率的に解を得る方法として,トーマスのアルゴリズムあるいは TDMA 法 (tridiagonal matrix algorithm) とよばれる方法があります.

この方法で解が得られるための条件は

$$|b_i| > |a_i| + |c_i|$$

です.

この方法は性能が非常によいことから,多次元の場合の方程式を三重対角の形に分解あるいは近似分解して解く方法がいくつも提案されています[†].

TDMA 法のアルゴリズムで,1 次元ラプラス方程式 $\partial^2 f/\partial x^2 = 0$ を解いた例を以下に示します.この例での境界条件は,$i = 0$ で $f = d[0], i = 4$ で $f = d[4]$ のディリクレ条件になっています.なお,今回は方程式の正規化はしていません.

コード 8.3　tdma.py: TDMA 法による求解

```
1  import numpy
2
3
4  def tdma(nmax, a, b, c, d, f):
5
6      for j in range(1, nmax):       # forward step
7          tt = a[j] / b[j - 1]
8          b[j] -= tt * c[j - 1]
9          d[j] -= tt * d[j - 1]
10
11     f[nmax - 1] = d[nmax - 1] / b[nmax - 1]
12
13     for j2 in range(1, nmax):      # backward step
14         j = nmax - j2 - 1          # j is from nmax-2 to 0
15         f[j] = (d[j] - c[j] * f[j + 1]) / b[j]
16
17
18 if __name__ == '__main__':
```

[†] 後述する ADI 法などがこれにあたります.

```
19      a = numpy.array([0.0, -1.0, -1.0, -1.0, 0.0])
20      b = numpy.array([1.0,  2.0,  2.0,  2.0, 1.0])
21      c = numpy.array([0.0, -1.0, -1.0, -1.0, 0.0])
22      d = numpy.array([1.0,  0.0,  0.0,  0.0, 9.0])
23      f = numpy.array([0.0,  0.0,  0.0,  0.0, 0.0])
24      tdma(len(a), a, b, c, d, f)
25      print(f)                         # f sholud be [1,3,5,7,9].
```

> **Column　プロファイリング**
>
> 　プログラムの中のどの部分で時間を消費しているのかは，測ってみないとなかなかわからないものです．思いがけない関数が時間を浪費していることが，しばしばあるとされています．
> 　このような測定はプロファイリングとよばれます．Python にもそのやり方が用意されていて，たとえば channel1.py を対象に
>
> ```
> python3 -m cProfile  -s 'time' channel1.py
> ```
>
> のコマンドを実行すると，関数の実行に要した時間などの情報が示されます．その結果は下のようになります（一部を省略しています）．
>
> ```
> 17656037 function calls in 9.927 seconds
>
>    ncalls  tottime  filename:lineno(function)
>     46970    5.350  navP.py:28(p_laplace)
>  17097080    4.180  navP.py:58(is_neumann)
>        10    0.073  jacobi.py:5(solve)
>     29/27    0.073  {built-in method _imp.create_dynamic}
>     46974    0.035  {method 'reduce' of 'numpy.ufunc' objects}
> ...
> ```
>
> 　最も計算時間を消費しているのは p_laplace 関数で，計算時間 9.927 秒の半分を占めています．次が is_neumann 関数で，これは関数が使われる回数 (ncalls) が 17097080 回と多いために上位に来ているのでしょうが，改良の余地があるように思います．"method 'reduce' ..." とあるのは NumPy の内積関数です．なお，ここで見えている時間には，別の関数を呼び出していた時間は含まれません．

8.2　粘性項評価の改善

8.2.1 ● 粘性項の陰的計算

　channel1.py, channel2.py の計算において，粘性項をオイラー陽解法で評価しました．ですが，以前に示したように，粘性項を陽的なスキームで解くには安定限界があり，つねにこれを意識しなくてはなりません．そこでこれを避けるため，オイ

8.2 粘性項評価の改善

ラー陰解法を導入してみます．やり方は 1 次元の場合と同じです．

動粘性係数を γ とするときの粘性項の物理的な意味は，せん断応力 $\tau = \rho\gamma\partial u/\partial x$ の差が流体にはたらいて力となる，というものですので，粘性項は二階微分 $(\partial/\partial x)(\rho\gamma\partial u/\partial x)$ の形となるのが正しいです．乱流モデル（9.1 節）を使う場合はノードによって実効粘性係数が異なるので，上のように粘性係数が微分の中に入る形で評価すべきです．一方で，層流の場合には γ は一定値なので，微分の外に出して評価しても問題ありません．ここでは陰的計算の方法に話を集中するため，γ を微分の外に出した形で説明していきます．

完全陰解法の式 (3.8) は，2 次元の場合には

$$\Delta f - \Delta t \gamma \frac{\partial}{\partial x}\left(\frac{\partial \Delta f}{\partial x}\right) - \Delta t \gamma \frac{\partial}{\partial y}\left(\frac{\partial \Delta f}{\partial y}\right) = \Delta f^{ex} \tag{8.9}$$

となります．右辺の f^{ex} は

$$\Delta f^{ex} \equiv \Delta t \gamma \frac{\partial}{\partial x}\left(\frac{\partial f^{[m]}}{\partial x}\right) + \Delta t \gamma \frac{\partial}{\partial y}\left(\frac{\partial f^{[m]}}{\partial y}\right) + c\Delta t$$

と定義されます．これはオイラー陽解法での変化量です．

上の式 (8.9) の左辺を演算子

$$G(g) \equiv g - \Delta t \gamma \frac{\partial}{\partial x}\left(\frac{\partial g}{\partial x}\right) - \Delta t \gamma \frac{\partial}{\partial y}\left(\frac{\partial g}{\partial y}\right)$$

で表し，2 次元の場合のこの式を離散化近似すると

$$G(g_{i,j}) = g_{i,j} - \frac{\Delta t \gamma}{\Delta x}\left(\frac{g_{i+1,j} - g_{i,j}}{\Delta x} - \frac{g_{i,j} - g_{i-1,j}}{\Delta x}\right)$$
$$- \frac{\Delta t \gamma}{\Delta y}\left(\frac{g_{i,j+1} - g_{i,j}}{\Delta y} - \frac{g_{i,j} - g_{i,j-1}}{\Delta y}\right)$$

となります．ここで，

$$c_x \equiv \frac{\Delta t \gamma}{\Delta x^2}, \quad c_y \equiv \frac{\Delta t \gamma}{\Delta y^2},$$

と定義すると

$$G(g_{i,j}) = g_{i,j} - c_x(g_{i+1,j} - g_{i,j}) + c_x(g_{i,j} - g_{i-1,j})$$
$$- c_y(g_{i,j+1} - g_{i,j}) + c_y(g_{i,j} - g_{i,j-1})$$
$$= \{1 + (2c_x + 2c_y)\}g_{i,j}$$
$$- (c_x g_{i+1,j} + c_x g_{i-1,j} + c_y g_{i,j+1} + c_y g_{i,j-1})$$

と整理できます．これを正規化するには，

$$G(g) = \Delta f^{ex}$$

の両辺を対角成分

$$A_{ii} = 1 + (2c_x + 2c_y)$$

で割ります．

陰解法による粘性項の求解では，通常はそれほど繰り返す必要はありません．オイラー陽解法で，ほぼ正解に近い値が得られているからです．ヤコビ法で解くので十分な場合もあります．

8.2.2 ● オイラー陰解法の実装

オイラー陰解法で粘性項を計算する関数を，navViscImp.py に実装します．

5.5.3 項の最後に説明したように，粘性項と圧力項の和を陰的に解析します．これにより，WALL 境界を含むすべての境界を，変化量 0 のディリクレ条件で計算でき，計算を安定化させられます．

なお，このように機能が似ている関数を作るときに，計算する関数の名前をうまく選ぶとソースコードが読みやすくなります．前に作った `jacobi.solve()` と `bicgstab.solve()` の場合では，同じ機能（役割）を別のアルゴリズムで実装していることから，すげ替えを容易にするために同じ solve() という関数名にしました．この場合は，モジュール名によって関数を区別することになります．今回は陰的な場合に追加の情報（境界条件）が必要となることから，関数の名前を変えています．こうすると，ソースコードの中を検索するときに一度で目的の関数を探すことができるというメリットがあります．

コード 8.4　navViscImp.py: 陰的な粘性項の解析

```
1  import numpy as np
2  import jacobi
3  import field as fld
4  import navVisc
5  Bc_code = None
6  J = 1
7
8
9  def add_viscous_implicit(df, fu, bc_code):
10
11     # Add viscous term using Implicit Euler scheme.
12     # in df[], the pressure term should be set already.
```

8.2 粘性項評価の改善

```
13
14      global Bc_code, J
15      J = fld.n0
16      Bc_code = bc_code
17
18      f_ex = np.zeros(fld.nmax)
19      f_ex[:] = df
20      navVisc.add_viscous_term(f_ex, fu, bc_code)   # Euler explicit scheme
21      _, _, aii = calc_vis_coefs()
22      f_ex /= aii   # normalize
23
24      jacobi.solve(calc_g, df, f_ex, 500, 1.0e-6, False)
25

26
27  def calc_vis_coefs():
28      coef_x = fld.gamma * fld.dt / (fld.dx * fld.dx)
29      coef_y = fld.gamma * fld.dt / (fld.dy * fld.dy)
30
31      aii = 1.0 + 2.0*(coef_x + coef_y)
32      return (coef_x, coef_y, aii)
33

34
35  def calc_g(dg, g):
36      # The operator for implicit viscous term
37      cx, cy, aii = calc_vis_coefs()      # in laminar flow, coef is same
38      rev_aii = 1.0 / aii
39
40      for n, bcc in enumerate(Bc_code):
41          if bcc == fld.LIQUID:
42              ddfx = g[n + 1] * cx + g[n - 1] * cx
43              ddfy = g[n + J] * cy + g[n - J] * cy
44              dg[n] = g[n] - (ddfx + ddfy) * rev_aii
45
46          else:
47              dg[n] = 0.0
```

上のソースコードで，変数 Bc_code と J は大域変数です．原則としては，このように関数をまたいで使われる変数は見通しが悪く，あまりよくない手法ではあるのですが，jacobi モジュールをそのまま使うため，このような実装にしています．

18 から 20 行目にかけて，方程式の右辺 Δf^{ex} を配列 f_ex に求めています．すでに圧力項を計算した値が df に入っているので，そこにオイラー陽解法での Δf を 20 行目で加算します．22 行目では，この右辺を正規化するために A_{ii} で割っています．

24 行目でヤコビ法で方程式 (8.9) を解き，解 df を得ています．

27 行目からの関数 `calc_vis_coefs()` は係数を計算するもの，35 行目からの関数 `calc_g()` は演算子 $G()$ の計算をするものです．

次に，これをチャネル流れのソースコードに組み込みます．ファイル名は channel3.py としますが，中身はほとんど channel2.py と同じです．

コード 8.5　channel3.py: オイラー陰解法によるチャネル流れ解析

```
1  import field as fld
2  import show
3  import navPress
4  import navUpwind
5  import navViscImp
6  import navVel
7  import navD
8  import navP
9  import bicgstab as bi
10
11
12 def smac():
13
14     # SMAC step 1
15     navUpwind.check_stability()
16
17     navPress.calc_pressure_term(fld.fp)
18     navViscImp.add_viscous_implicit(fld.du, fld.fu, fld.bc_code_u)
19     navViscImp.add_viscous_implicit(fld.dv, fld.fv, fld.bc_code_v)
20
21     navUpwind.add_convection(fld.du, fld.fu, fld.bc_code_u, 0)
22     navUpwind.add_convection(fld.dv, fld.fv, fld.bc_code_v, 1)
23     navVel.modify_velocity()
24
25     # SMAC step 2
26     navD.calc_d()
27
28     # SMAC step 3
29     ite, res = navP.calc_p(bi.solve)
30
31     # SMAC step 4
32     navPress.calc_pressure_term(fld.dp)
33     navVel.modify_velocity()
34     return ite, res
35
36
37 if __name__ == '__main__':
38     import channelset
39     fld.make_field(10, 15, 5.0, 1.0)
40     channelset.initialize()
```

```
41      steps = 10
42      for st in range(steps):
43          ite, res = smac()
44          print(f"step: {st:4d} iteration: {ite:6d} residual: {res:.3e}")
45
46      show.array(fld.fp, "fp")
```

channel2.py との間で diff をとると

```
5c5
< import navVisc
---
> import navViscImp
18,19c18,19
<     navVisc.add_viscous_term(fld.du, fld.fu, fld.bc_code_u)
<     navVisc.add_viscous_term(fld.dv, fld.fv, fld.bc_code_v)
---
>     navViscImp.add_viscous_implicit(fld.du, fld.fu, fld.bc_code_u)
>     navViscImp.add_viscous_implicit(fld.dv, fld.fv, fld.bc_code_v)
```

となっています.

8.2.3 ● 多次元の拡散方程式を解くための ADI 法

2 次元や 3 次元の拡散方程式では，陰的な式を解くのが大変になるため，xyz の軸方向ごとに分離して解く方法が用いられることがあります．

たとえば，Peaceman と Rachford によって提唱された ADI 法 (alternate direction implicit method) は，2 次元の場合には $\Delta t/2$ ごとの 2 段階を踏んで拡散方程式を解く方法です．

まず，x 方向に陰的，y 方向に陽的な式

$$\frac{f_{i,j}^* - f_{i,j}^{[m]}}{\Delta t/2} - L_{xx}(f_{i,j}^*) - L_{yy}(f_{i,j}^{[m]}) = 0$$

を解いて，仮の解 f^* を得ます．このときに，高速かつ正しく解ける TDMA 法を使えることが多いです．ここで，演算子

$$L_{xx} = a\frac{\partial^2}{\partial x^2}, \quad L_{yy} = a\frac{\partial^2}{\partial y^2}$$

は，それぞれの方向だけの二階微分を意味しています．次に，得られた f^* を用いて

$$\frac{f_{i,j}^{[m+1]} - f_{i,j}^*}{\Delta t/2} - L_{xx}(f_{i,j}^*) - L_{yy}(f_{i,j}^{[m+1]}) = 0$$

のように，y 方向について陰的な式を解いて，f^{m+1} を得ます．ここでも TDMA 法を使います．

　この種の手法での注意点として，安定条件が次元によって変わることがあります．たとえば，ADI 法は 2 次元では無条件に安定ですが，3 次元では条件付き安定となります．

8.2.4 ● 一般化 2 段階法

　Fletcher の一般化 2 段階法 [7] では，2 次元の拡散方程式を次のように離散化します．

$$\frac{\Delta f_{i,j}^{[m+1]}}{\Delta t} - (1-\beta)\{L_{xx}(f_{i,j}^{[m]}) + L_{yy}(f_{i,j}^{[m]})\}$$
$$- \beta\{L_{xx}(f_{i,j}^{[m+1]}) + L_{yy}(f_{i,j}^{[m+1]})\} = 0$$

ただし，

$$\Delta f^{[m+1]} \equiv f^{[m+1]} - f^{[m]}$$

です．これは $\beta = 0$ ならオイラー陽解法と同じになり，$\beta = 1$ ならオイラー陰解法と同じになります．

　上の式を整理して

$$\frac{\Delta f_{i,j}^{[m+1]}}{\Delta t} - \{L_{xx}(f_{i,j}^{[m]}) + L_{yy}(f_{i,j}^{[m]})\}$$
$$- \beta\{L_{xx}(\Delta f_{i,j}^{[m+1]}) + L_{yy}(\Delta f_{i,j}^{[m+1]})\} = 0$$

とし，これをまとめて

$$\{1 - \beta\Delta t(L_{xx} + L_{yy})\}\Delta f_{i,j}^{[m+1]} = \Delta t(L_{xx} + L_{yy})f_{i,j}^{[m]}$$

とします．ここでは，$\{1 - \beta\Delta t(L_{xx} + L_{yy})\}$ を一つの演算子のように考えています．

　さらに，上の式を次のように近似します．

$$(1 - \beta\Delta t L_{xx})(1 - \beta\Delta t L_{yy})\Delta f_{i,j}^{[m+1]} = \Delta t(L_{xx} + L_{yy})f_{i,j}^{[m]}$$

　これは，時間について 2 次の誤差を含む近似です．この式は 2 段階に分離できま

す．すなわち，

$$(1 - \beta \Delta t L_{xx})\Delta f_{i,j}^* = \Delta t(L_{xx} + L_{yy})f_{i,j}^n$$

の第 1 段階と

$$(1 - \beta \Delta t L_{yy})\Delta f_{i,j}^{n+1} = \Delta f_{i,j}^*$$

の第 2 段階です．それぞれの式を陰的に解く必要があるのですが，1 方向のみの陰的な式なので，TDMA 法などの高速な 1 次元の解法を利用できます．

この方法は $\beta = 0.5$ のときに精度が最良となり，$\beta \geq 0.5$ について無条件安定となります．この方法を 3 次元に拡張した場合でも，$\beta \geq 0.5$ では無条件安定とされています [7]．

8.3 解きたい流れを解く

ここまでずっと，2 次元チャネル流れを解いてきましたが，そろそろ飽きてしまったのではないでしょうか．ここで channel3.py を足がかりにして，自分が解きたい流れ（とはいっても制限がたくさんあるのですが）を解いてみましょう．

例として，図 8.1 のようにチャネルの中に矩形の物体が置いてある流れを解いてみることにします．

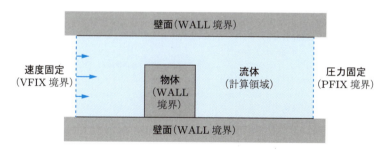

図 8.1　チャネルの中に矩形物体がある流れ

流路の入口，出口，上下の壁面のそれぞれの境界条件は，channel1.py などと同じとします．また，流路の流れ方向の長さを 3.0 としています（これはちょっと短いかもしれません）．

このような流れを設定して解くためのソースコードを，variation1.py として以下のように作成します．

154　■　第 8 章　流れ計算の改良

コード 8.6　variation1.py: 図 8.1 の流れの解析

```
1   import field as fld
2   import show
3   import setup
4   import channel3
5   import channelset
6   import postVector
7
8
9   def initialize():
10      fld.make_field(30, 20, 3.0, 1.0)
11      fld.gamma = 1.0e-4 / fld.density
12      fld.delta_t = 1.0e-3
13      setup.cleanup()
14
15      channelset.set_bccode()
16      setup.set_bccode_p(8, 13, 0, 10, fld.WALL_BC)
17
18      setup.set_code_ref()
19      channelset.set_initial_condition()
20
21      import show
22      show.arrayMinMax(fld.bc_code_p, "bc-code-p", 0, 9.0)
23
24      return fld
25
26
27  if __name__ == '__main__':
28      initialize()
29      steps = 100
30      for st in range(steps):
31          ite, res = channel3.smac()
32          print(f"step: {st:4d} iteration: {ite:6d} residual: {res:.3e}")
33          # show.array(fld.fu, "fu")
34
35      show.array(fld.fp, "fp")
36      postVector.draw()
```

　初期設定を関数 initialize() にまとめてあります．10 行目で長さ 3.0，高さ 1.0 の流路に 30 × 20 個のノードを設定します．レイノルズ数をこれまでよりも大きくするために，11 行目で動粘度を変更しています．格子サイズが小さくなるので，12 行目で Δt も変更します．15 行目は，channel1.py などと同様に，圧力ノードに対して境界条件を設定しています．

　これまでと大きく異なるのは，16 行目です．ここで，図 8.1 の灰色の矩形物体の

内部領域のノードを WALL に設定しています．物体の存在する範囲を，ノード番号の範囲として設定しており，この場合は i 方向の 8 から 13，j 方向の 0 から 10 を WALL としました．

　圧力ノードに境界条件の種類を意味する番号を与えたら，後はこれまでと同様に，速度ノードの境界条件や参照ノードを設定します（18, 19 行目）．

　21, 22 行目では確認のために，圧力ノードの境界条件の番号を可視化しています．variation1.py を実行すると，下のような結果が見えるはずです．流体に接している WALL ノードが 3 に，流体に接していないノードは ISOLATED である 9 になっていることが確認できます．

```
[codes]$python3 variation1.py
 ---- <<< bc-code-p (range 0.000e+00 to 9.000e+00)>>>
  19: 9333333333333333333333333333399
  18: 2000000000000000000000000000019
  17: 2000000000000000000000000000019
  16: 2000000000000000000000000000019
  15: 2000000000000000000000000000019
  14: 2000000000000000000000000000019
  13: 2000000000000000000000000000019
  12: 2000000000000000000000000000019
  11: 2000000000000000000000000000019
  10: 2000000003333330000000000000019
   9: 2000000003999930000000000000019
   8: 2000000003999930000000000000019
   7: 2000000003999930000000000000019
   6: 2000000003999930000000000000019
   5: 2000000003999930000000000000019
   4: 2000000003999930000000000000019
   3: 2000000003999930000000000000019
   2: 2000000003999930000000000000019
   1: 2000000003999930000000000000019
   0: 9333333399999933333333333333399
   ...
```

　27 行目からの main 部は，これまでの channel3.py などとよく似ています．33 行目は，毎回流速 u の状態を表示させるためのものです．流れが時間とともに変化する様子を計算をしながら見るためのものですが，出力が多すぎて途中経過がわかりにくくなるため，ここではコメントにしてあります．

　100 ステップの計算が終わったら，35 行目で圧力分布を表示し，また，36 行目で速度ベクトルを可視化しています．

variation1.py の計算結果の例（流速ベクトル）を図 8.2 に示します．流路に置かれた物体によって流れが偏り，物体の下流側では大きな渦ができている様子がわかります．

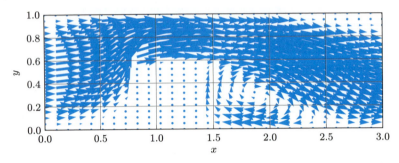

図 8.2　図 8.1 の流れにおける流速ベクトル

この例では，やや下流側の計算領域の長さが不足しているように見えます．もう少し長く計算領域をとってみたり，下流の境界条件を変えたりするなどの検証が必要でしょう．また，物体によって流路が狭まっているところのノード数も，十分ではないようです．

このように，ある程度自由な形状の流れを解けるようになりました．ここから先は，いろいろ自分で試すことができるはずです．やってみると不満もでてくると思いますが，さらなる改良については最後の章で触れます．

本章のまとめ

- ポアソン方程式で高速に解けるようソースコードを改良しました．
- オイラー陰解法で粘性項を評価するようソースコードを改良しました．
- より多様な流れを計算するやり方を学びました．

第9章 さまざまな流れを解く

前章までで，ソースコードを作りながら CFD の基礎を学ぶ課程は一段落とします．この章では，一般的な CFD 解析ツールを使って流れを解析するときに必要になる知識や情報を，大雑把に解説します．

9.1 乱流モデル

9.1.1 ● 層流と乱流

流れのレイノルズ数を 0 から徐々に高くしていくと，層流 (laminar flow) から乱流 (turbulent flow) へと流れの様相が遷移します．

平行に置かれた 2 平板間の流れは，層流では channel1.py のような解，すなわち図 9.1 の破線のような速度分布をもちます．これは NS 方程式から厳密解が得られる，数少ない例の一つです．

一方，乱流の軸方向流速は簡単な式では定まりません．乱流は，その内部に大小さまざまの渦をもち，それらが互いに影響しながら入り乱れて流れている現象で，時間とともに局所の流速は大きく変化しています．そして，時間平均した流れ方向

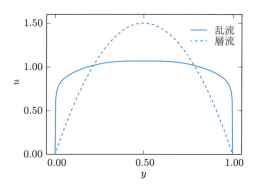

図 9.1　層流と乱流の流速分布の比較

流速の分布は，おおよそですが図 9.1 の実線のような形になります．時間平均値としての乱流の速度分布は，層流のものより平坦になっていることがわかります．

もともと NS 方程式は，層流と乱流，どちらの流れに対しても成立する式です．なので，NS 方程式をきちんとシミュレートできれば，上のような層流，乱流のどちらの流れにおいても実際と合致する結果を得ることが，理論的には可能です．しかし現在の計算機の能力では，乱流に含まれる小さな渦の個々の動きまでは正確に解くことができません．スーパーコンピュータを使っても，これができるのは限られた単純な形状の流れだけあり，実用的な流れの計算を行うためには，なんらかの省力化をしないといけません．

そこで，流れにおける乱れの効果をモデル化して式に組み込むことが行われています．これを乱流モデル (turbulence model, turbulent model) といい，k–ϵ モデル，k–ω モデル，SST，レイノルズ応力モデル，LES，DES など，さまざまなモデルや手法が研究され，使われています．

では乱流のモデル化の考え方について，見ていきましょう．

流れの中に乱れ，すなわち渦があるときの影響の一つに，かき混ぜ (mixing) の効果があります．図 9.2 で，図の上方では流速 V_1 が速く，図の下方では流速 V_2 が遅い流れ場の中に，一つの渦が入ってきたとします．すると，流体の小さな塊（流体粒子）は，この渦によって移動させられます．上方の A の位置にあった流速の速い流体粒子は，渦によって下方の B の位置へ移動します．このため，下方の「平均」流速は上がることになります．逆に，下方の C の位置にあった流速の遅い流体粒子が，渦によって上方の D の位置へ運ばれると，上方の「平均」流速は下がります．このように，渦は流れ場をかき混ぜる作用をもち，渦が強いと，時間平均あるいは小さな空間で平均した速度の分布は一様な分布に近づきます．図 9.1 で乱流の

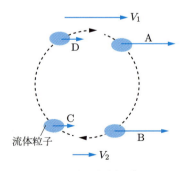

図 9.2　渦によるかき混ぜ (mixing)

速度分布が比較的平坦になっていたのは，この効果が効いているものと考えてよいでしょう．

このような渦の作用は，流れを平滑化するような力が，（時間平均した）流速や圧力にはたらいた，とみなせます．このような時間平均流れ場への乱れの作用をレイノルズ応力 (Reynolds stress) とよびます．

流速や圧力について**時間平均した**値を解くことを目的として乱れを考える計算方法やモデルを総称して，RANS (Reynolds-averaged Navier–Stokes simulation) とよびます．現在の流れの数値解析の大半は，この RANS のやり方で行われています．

この RANS の乱流モデルは，その定義とモデル化での前提条件から，時間平均をとった流れ場で成立するものです．このため厳密にいえば，非定常流の解析に使うことには問題があります[†1]．

9.1.2 ● k–ϵ モデル

はじめに，広く用いられている k–ϵ モデルを説明します．これは二つの乱流量 k と ϵ を用いて乱流の効果を表現するモデルです．

乱流エネルギー k と散逸率 ϵ の方程式は，それぞれモデル定数 $C_1 = 1.44$, $C_2 = 1.92$, $\sigma_K = 1.0$, $\sigma_\epsilon = 1.3$, $C_\mu = 0.09$ を用いて[†2]，

$$\frac{\partial k}{\partial t} = C(k) + \mathcal{L}\left(\gamma + \frac{\gamma_t}{\sigma_K}, k\right) + G - \epsilon \tag{9.1}$$

$$\frac{\partial \epsilon}{\partial t} = C(\epsilon) + \mathcal{L}\left(\gamma + \frac{\gamma_t}{\sigma_\epsilon}, \epsilon\right) + \frac{\epsilon}{k}\left(C_1 G - C_2 \epsilon\right) \tag{9.2}$$

と定式化されています．ここでは非定常の方程式として表記していますが，定常流の計算では左辺の非定常項 $\partial k/\partial t$ と $\partial \epsilon/\partial t$ を 0 として評価します．式中の $\gamma = \mu/\rho$ は，流体の物性値である動粘性係数です．また，乱流動粘性係数 γ_t とよばれる値を下の式で定義します．

$$\gamma_t = \frac{C_\mu k^2}{\epsilon} \tag{9.3}$$

式の項の意味を考えるために，式 (9.1) から対流項と粘性項を除くと，

[†1] 実際には非定常流れに適用している場合もあるのですが．
[†2] これらはモデルの標準値であり，場合によっては修正して使われることがあります．

$$\frac{\partial k}{\partial t} = G - \epsilon$$

と書けます．つまり，G は単位時間あたりに k が増える量（生成項），ϵ は単位時間あたりに k が減る量（散逸率）を意味しています．この G は，具体的には，

$$G \equiv \sum_{i=0}^{2} \sum_{j=0}^{2} \frac{1}{2} \gamma_t \left(\frac{\partial u_i}{\partial x_j} + \frac{\partial u_j}{\partial x_i} \right)^2 \tag{9.4}$$

と定義されます[†]．

k と ϵ の支配方程式は，対流項と拡散項をもち，NS 方程式によく似ています．そのため，NS 方程式を解くための有限差分法の考え方を，これらの方程式にも適用できます．k と ϵ が得られれば γ_t が決まります．これを時間平均値 $\bar{u}, \bar{p}$ についての運動方程式に組み込むやり方については後述します．

k–ϵ モデルの壁面境界条件

壁面の付近では，流れは境界層 (boundary layer) 流れという，壁面の影響を強く受けた流れとなっています．この流れを正しくシミュレートするには，きわめて多数のノードが必要です．そこで k–ϵ モデルを含む多くの RANS モデルでは，対数則 (log-law) とよばれるモデル式に基づいて，壁のすぐ近くでの乱流変数（k, ϵ など）を決定することが行われています．この対数則は，壁法則 (wall-law) ともよばれています．

壁面が静止しているとし，y 軸が壁面に垂直な方向であるとして説明します．壁面から y_1 だけ離れた位置における流速 u_1 について，

$$u^+ = \frac{1}{\kappa} \ln(y^+ E) \tag{9.5}$$

が成立する，というモデルが対数則です．この式で示される速度分布は，境界層が発達した多くの流れで成立することが知られています．

このモデルでは，無次元距離 y^+，「摩擦速度」とよばれる速さの次元をもつ代表値 u_τ，無次元流速 u^+ を，それぞれ

$$y^+ \equiv \frac{y_1 u_\tau}{\gamma}, \quad u_\tau \equiv \sqrt{\frac{\tau_0}{\rho}}, \quad u^+ \equiv \frac{u_1}{u_\tau}$$

と定義しています．τ_0 は，壁面での摩擦せん断応力です．モデル定数は $E = 9.793$，von Karman の係数 κ は $\kappa = 0.4187$ あるいは 0.42 とされています．図 9.3 の実

[†] 縮約という書式を使えば式をもっと簡単に表記できるのですが，ここでは直接表記しました．

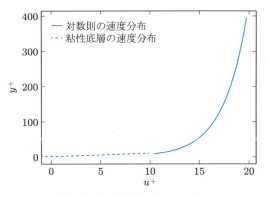

図 9.3 境界層流れを表すモデル

線が式 (9.5) のグラフです．

式 (9.5) が実験値と合致するのは $y^+ > 70$ のときであり，y^+ が 70 を下回ると，実験での u^+ は上の式より小さくなります．およそ $y^+ < 11$ の「粘性底層」とよばれる領域では，モデル式

$$u^+ = y^+$$

が実験値とよく合致します．ですから y^+ が 10 未満の流れで対数則を使うと，実際とは異なる計算結果を得てしまうことになります．図 9.3 の破線が，この粘性底層のグラフにあたります．

ここで，対数則が成立する領域での k および ϵ の関係式を求めてみましょう．壁面の近くでは流速が（主流部に比較して）低速になるので，方程式の中のいくつかの項を近似的に 0 にできます．

k の方程式で対流項がほぼ 0 で，かつ，y 方向の速度変化だけがとくに大きいとして得られる近似式

$$\gamma_t \left(\frac{\partial u}{\partial y} \right)^2 - \epsilon = 0$$

と，乱流動粘性係数の定義式 (9.3) から

$$\gamma_t^2 \left(\frac{\partial u}{\partial y} \right)^2 = C_\mu k^2$$

が得られます．一方，対数則領域では任意の高さ y でのせん断応力は壁面でのせん断応力 τ_0 と等しいとみなせることから，

$$\gamma_t \frac{\partial u}{\partial y} = \frac{\tau_0}{\rho} = u_\tau^2$$

が成り立ちます．これらの式から

$$k = \frac{u_\tau^2}{\sqrt{C_\mu}}, \quad \epsilon = \frac{u_\tau^3}{\kappa y} \tag{9.6}$$

を得ることができます．

　なお，この式を壁面 $y = 0$ で使おうとすると，ϵ が無限大となってしまいます．k–ϵ モデルでの境界条件の設定では，この無限大を避けなくてはなりません．そのため，壁面から y_1 の距離において解を求めます．すなわち，壁面から y_1 だけ離れたところの速度 u_1 が計算で算出できているときに，これらの関係式から壁面せん断力 τ_0 あるいは摩擦速度 u_τ を求めれば，その位置における k と ϵ の値が決まります．

　壁面近傍の u_1 から u_τ を求めるには式 (9.5) を解かなくてはなりませんが，そのままの形では解きにくいため，繰り返し計算を行うことが多いです[†]．ここでは，近似解法の一つのやり方 [8] を紹介します．

　u_τ の初期値を，式 (9.6) と既存の k の値から

$$u_\tau^0 = \sqrt{k\sqrt{C_\mu}}$$

とします．

　次に，式 (9.5) の右辺の y^+ の中の u_τ にこれを代入して

$$y^+ = \frac{u_\tau^i y_1}{\gamma}, \quad u_\tau^* = \frac{u_1 \kappa}{\ln(y^+ E)}$$

を求め，

$$u_\tau^{i+1} = \sqrt{u_\tau^* u_\tau^i}$$

とします．この繰り返しは，通常 8 回程度行えば，実用上十分な精度となります．ただし，計算の過程で y^+ が 0 に近くなると発散することがあるので，y^+ がある程度小さくなったら，粘性底層の式で置き換えるなどの工夫も必要になります．

　このように，壁での k, ϵ の境界値は壁面上ではなく，壁面から距離 y_1 だけ流体側に入った場所において設定されます．

[†] ニュートン–ラフソン法を使うこともできます．

k–ϵ モデルでの流入境界

k–ϵ モデルでの上流側の境界条件では k, ϵ を設定することが多いですが，その値をどうするかについてはあまり情報がありません．市販の CFD 計算アプリケーションでは，それぞれ適当に設定されているようです．

荒川 [9] は，管路内流れにおいて，乱れエネルギーは主流 U の運動エネルギーの 3%，散逸率は流れの乱れスケールを代表長さの 1% 程度とすることを提唱しています．これに従うなら

$$k_{in} = 0.03 \frac{U^2}{2}$$

となります．また，k–ϵ モデルでの乱れのスケールは

$$L_{k\epsilon} = \frac{k^{3/2}}{\epsilon}$$

となることから，管直径などの代表長さを L として

$$\epsilon_{in} = \frac{k^{3/2}}{0.01 L}$$

と決めればよいことになります．

ここまでの式や考え方で，k と ϵ を求められます．

レイノルズ応力

次に，k–ϵ モデルを使った場合の，流速や圧力の計算について見ていきましょう．

乱流においては，ある位置における流速 $u(t)$ や圧力 $p(t)$ などは時間とともに変動するのですが，ここでは時刻 t から $t+T$ の間の時間平均をとり，

$$\bar{u} = \frac{1}{T} \int_t^{t+T} u(t) dt$$

などと表記することにします．

さて，x 方向についての非圧縮の NS 方程式について，短い時間 T の時間平均をとると

$$\frac{\partial \bar{u}}{\partial t} = C(\bar{u}) + \frac{-1}{\rho} \frac{\partial \bar{p}}{\partial x} + \mathcal{L}(\gamma, \bar{u}) + F_x + R_x \tag{9.7}$$

と書けます．ただし，$\bar{u}$ は時間平均した流速，$\bar{p}$ は時間平均した圧力，F_x は単位質量の流体にはたらく時間平均した外力項，R_x は乱流モデルによる流れへの効果を表す乱流レイノルズ応力の x 方向成分です．なお，この式の $\gamma = \mu/\rho$ は流体の物性値としての動粘性係数です．

同様に，y方向について
$$\frac{\partial \bar{v}}{\partial t} = C(v) + \frac{-1}{\rho}\frac{\partial \bar{p}}{\partial y} + \mathcal{L}(\gamma, \bar{v}) + F_y + R_y \tag{9.8}$$

z方向について
$$\frac{\partial \bar{w}}{\partial t} = C(w) + \frac{-1}{\rho}\frac{\partial \bar{p}}{\partial z} + \mathcal{L}(\gamma, \bar{w}) + F_z + R_z \tag{9.9}$$

とします．

　レイノルズ応力項 R_x, R_y, R_z は，層流ではすべて 0 となります．乱流では，レイノルズ応力項を各乱流モデルから定めます．これには，仮定する項目などに応じていくつかのバリエーションがありますが，最も簡単なものとしては

$$R_x = \mathcal{L}(\gamma_t, \bar{u}), \quad R_y = \mathcal{L}(\gamma_t, \bar{v}), \quad R_z = \mathcal{L}(\gamma_t, \bar{w}) \tag{9.10}$$

のようにモデル化するやり方があります．k–ϵ モデルを含めて現在用いられている乱流モデルの多くでは，レイノルズ応力は，このように特殊な動粘性係数 γ_t を含む拡散項の形でモデル化されています．このような乱流の効果を表す粘性を，渦粘性 (eddy viscosity) あるいは乱流粘性 (turbulent viscosity) とよびます．これらを密度で割った渦動粘性係数あるいは乱流動粘性係数 γ_t は，式 (9.3) のように乱流モデルから決められます．

　以上のことから，実効粘性係数 (effective viscous coefficient)
$$\gamma_e = \gamma + \gamma_t$$
を使って，粘性項とレイノルズ応力項を
$$\mathcal{L}(\gamma, u) + R_x = \mathcal{L}(\gamma, u) + \mathcal{L}(\gamma_t, u) = \mathcal{L}(\gamma_e, u)$$
のようにひとまとめにして評価することが，よく行われています．

壁面せん断応力と境界条件

　対数則はあくまでモデルであり，これが成り立つ領域から壁面 $y = 0$ 近くまでの速度分布を規定し，同時にせん断応力 $\tau_0 = \rho u_\tau^2$ がこの領域内で一定値であるとしています．このため，速度の境界条件を与えるときに，このモデルに従った与え方をしなくてはなりません．

　ここまでのソースコードでは，壁面に平行な成分のノードの中間がちょうど境界面となると仮定しています．このとき境界ノードの速度は，境界面の上において壁面の速度と同じになるように設定すべき（静止壁なら $u = v = w = 0$）とされて

います(channel1.pyでは壁面内部の流速を0にしてしまっていますが)．しかし，このような速度分布から直接 $\tau = \mu \partial u/\partial y$ を求めると，壁面せん断応力が実際とは異なってしまいます．対数則で仮定している速度分布は図9.4の実線のような分布であるのに対して，ノードでの速度を結んだ分布は破線のようになり，速度勾配 $\partial u/\partial y$ の値が対数則モデルと計算で大きく異なるからです．

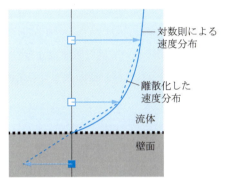

図 9.4　離散化による速度分布の差

そこで，壁面の境界ノードに隣接する通常ノードにおいては，境界ノードとの間の粘性応力はいったん 0 としておいて，後から τ_0 に相当する速度変化量を加算するなどの工夫をすると，精度を高めることができます．

9.1.3 ● k–ω モデル

Wilcox[10] の提唱した k–ω モデルは，壁面付近の流れの再現性は k–ϵ モデルよりも良好であり，また上流側の値にあまり影響を受けない，とされています．

k–ω モデルでは，乱流動粘性係数を

$$\gamma_t = \frac{k}{\omega} \tag{9.11}$$

として，乱流エネルギー k について

$$\frac{\partial k}{\partial t} = C(k) + \mathcal{L}\left(\gamma + \frac{1}{2}\gamma_t, k\right) + G - \beta^* k\omega \tag{9.12}$$

の式が，散逸率 ω について

$$\frac{\partial \omega}{\partial t} = C(\omega) + \mathcal{L}\left(\gamma + \frac{1}{2}\gamma_t, \omega\right) + \frac{5}{9}\frac{\omega}{k}G - \frac{3}{40}\omega^2 \tag{9.13}$$

の方程式が成り立つものとします．

係数 β^* は $\beta^* = 9/100$ で，k–ϵ モデルにおける C_μ と同じ値です．変数 G の定義は式 (9.4) と同じです．

ちなみに，ω と k–ϵ モデルでの ϵ との間には

$$\omega = \frac{\epsilon}{C_\mu k}$$

の換算関係が成り立っています．

k–ω モデルでの境界条件

k–ϵ モデルと同様に，壁面近傍においては対数速度分布のモデル式を用いて境界値を与えます．摩擦速度 u_τ が得られれば，壁面近傍での乱流量は

$$k = \frac{u_\tau^2}{\sqrt{C_\mu}}, \quad \omega = \frac{u_\tau}{\sqrt{C_\mu}\kappa y}$$

となります．ここで，κ は von Karman の係数です．

9.1.4 ● SST モデル

"SST" とよばれるモデルは最近の論文でよく用いられていますが，これにはいくつか変種があります．最も基本的な SST モデルは，壁面付近では k–ω モデルを，壁面から離れた領域では k–ϵ モデルを使う，とするものです．

9.1.5 ● 低レイノルズ数モデル

k–ϵ モデルや k–ω モデルを含む多くの乱流モデルでは，主流のレイノルズ数が比較的高い流れで実際と合うようにモデル定数が定められています[†]．しかし，壁面付近の境界層の内部では流速が落ち，局所的なレイノルズ数が小さくなるため，通常のモデルでは乱れをうまく表現できなくなります．そのような状況における乱流量の挙動を，より正確にシミュレートするためのモデルが「低レイノルズ数モデル」とよばれるもので，多くの研究がされています．

以下では，その一つである安倍 [11] らの提案したモデルを示します．

乱流粘性を

$$\gamma_t = C_\mu f_\mu \frac{k^2}{\epsilon}$$

とモデル化し，k の方程式は

---

† 層流から乱流への遷移領域を含む流れを扱うのは，苦手であるといえます．

$$\frac{\partial k}{\partial t} = C(k) + \mathcal{L}\left(\gamma + \frac{\gamma_t}{\sigma_K}, k\right) + G - \epsilon$$

とし，ϵ の方程式は

$$\frac{\partial \epsilon}{\partial t} = C(\epsilon) + \mathcal{L}\left(\gamma + \frac{\gamma_t}{\sigma_\epsilon}, \epsilon\right) + C_1 \frac{\epsilon}{k} G - C_2 f_\epsilon \frac{\epsilon^2}{k}$$

とします．

壁面付近の補正係数として

$$f_\mu = \left(1 - \exp\left(-\frac{y^*}{14}\right)\right)^2 \left\{1 + \frac{5}{R^{3/4}} \exp\left(-\left(\frac{R}{200}\right)^2\right)\right\}$$

$$f_\epsilon = \left(1 - \exp\left(-\frac{y^*}{3.1}\right)\right)^2 \left\{1 - 0.3 \exp\left(-\left(\frac{R}{6.5}\right)^2\right)\right\}$$

ただし，

$$R \equiv \frac{k^2}{\gamma \epsilon}, \quad y^* = \frac{(\gamma \epsilon)^{1/4} y}{\gamma}$$

とします．モデル定数には $C_1 = 1.45$, $C_2 = 1.9$, $\sigma_k = 1.4$, $\sigma_\epsilon = 1.3$, $C_\mu = 0.09$ が提唱されています．

9.1.6 ● LES

LES (large eddy simulation) は，格子幅程度のスケールで空間平均をとることで，乱流渦をモデル化する方法です．つまり，格子幅より小さい渦はモデル化する一方で，それより大きな渦 (large eddy) はきちんとシミュレートする，という考えのモデルです（図 9.5 参照）．これは，大きな渦の挙動は流れ場の状態によりいろいろ変わるのに対して，ある程度小さな渦の挙動は一般化できることが多いという知見に基づいています．

k–ϵ モデルをはじめとした RANS は，時間的に定常であることを仮定しているので，原則としては時間平均の流れ場を求めるためのやり方であったのに対し，LES は基本的に非定常解析のための手法です．そもそも「大きな渦」は乱流特有の現象であり，定常解析では現象を再現できないため，LES で定常解析する意味は薄いといえます．

空間平均をとる関数を $f()$ とし，これを NS 方程式の各項に適用します．たとえば，x 方向の NS 方程式での非定常項，圧力項，粘性項はその線形性（微分演算と交換可能）を利用して，それぞれ

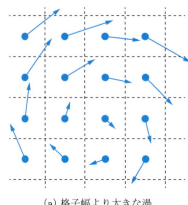

(a) 格子幅より大きな渦　　　　　(b) 格子幅より小さな渦

図 9.5　LES モデルの考え方

$$f\left(\frac{\partial u}{\partial t}\right) = \frac{\partial}{\partial t}f(u), \quad f\left(\frac{-1}{\rho}\frac{\partial p}{\partial x}\right) = \frac{-1}{\rho}\frac{\partial f(p)}{\partial x_i}, \quad f(\mathcal{L}(\gamma, u)) = \mathcal{L}(\gamma, f(u))$$

と書けます．

　一方，対流項に $f()$ を適用した式は，対流項の非線形性のためにやや複雑な形となります．一部を実際に求めてみましょう．もともとの流速と空間平均された流速との差を

$$d_u \equiv u - f(u)$$

と定義すると，対流項のうちの一つの項は

$$-u\frac{\partial u}{\partial x} = -(f(u) + d_u)\frac{\partial(f(u) + d_u)}{\partial x}$$
$$= -f(u)\frac{\partial f(u)}{\partial x} - f(u)\frac{\partial d_u}{\partial x} - d_u\frac{\partial f(u)}{\partial x} - d_u\frac{\partial d_u}{\partial x}$$

と書けます．この式の両辺に $f()$ を適用すると，

$$f\left(-u\frac{\partial u}{\partial x}\right) = f\left(-f(u)\frac{\partial f(u)}{\partial x} - f(u)\frac{\partial d_u}{\partial x} - d_u\frac{\partial f(u)}{\partial x} - d_u\frac{\partial d_u}{\partial x}\right)$$
$$= -f(u)\frac{\partial f(u)}{\partial x} - f\left(f(u)\frac{\partial d_u}{\partial x} + d_u\frac{\partial f(u)}{\partial x} + d_u\frac{\partial d_u}{\partial x}\right)$$

と展開できます．この第 1 項は，もともとの項 $-C(u)$ の u を $f(u)$ に置き換えた形になっています．上の例の第 2 項が，$f()$ を適用したために生じた，追加的な項であるといえます．

　対流項全体としては，

$$f(C(u)) = C(f(u)) + R_u$$

のように，付加的な項の合計 R_u が式に出現します†．

この付加的な項は，その内分けが大きく三つに整理され，それぞれレイノルズ項，クロス項，レナード項とよばれています．これらの項の評価のやり方には，さまざまなモデル式が提案されています．

最も単純なモデル式としては，クロス項とレナード項が相殺すると近似し，レイノルズ項のみを評価して，RANS でのレイノルズ応力項と同様に

$$R_u = \mathcal{L}(\gamma_t, f(u))$$

と近似するものがあります．ほかの定式化においても，R_u を $f(u), f(v)$ など空間平均した流速でモデル化しています．

以上をまとめると，空間平均した NS 方程式は，最も単純な近似モデルを使った場合には

$$\frac{\partial f(u)}{\partial t} = C(f(u)) - \frac{1}{\rho}\frac{\partial f(p)}{\partial x} + \mathcal{L}(\gamma, f(u)) + \mathcal{L}(\gamma_t, f(u))$$

となり，もともとの NS 方程式

$$\frac{\partial u}{\partial t} = C(u) - \frac{1}{\rho}\frac{\partial p}{\partial x} + \mathcal{L}(\gamma, u)$$

に近い形となります（外力項は省略しています）．

u, v, w, p の代わりに，$f(u), f(v), f(w), f(p)$ を変数として解くことにし，これまでの NS 方程式の解き方に最後の項を追加したソースコードを作れば，LES で乱流を計算できることになります．

LES 手法における渦動粘性係数としては，

$$\gamma_t = (C_S L)^2 \sqrt{\frac{1}{2}\sum_{i=0}^{2}\sum_{j=0}^{2}\left(\frac{\partial u_i}{\partial x_j} + \frac{\partial u_j}{\partial x_i}\right)^2} \tag{9.14}$$

とする，スマゴリンスキーモデルが最も有名です．L は格子のサイズで，

$$L = (\Delta x \Delta y \Delta z)^{\frac{1}{3}} \tag{9.15}$$

と定義されます．

モデル定数 C_S はスマゴリンスキー定数とよばれています．この値には諸説あり

---

† RANS でのレイノルズ応力項に相当すると考えてよいでしょう．

ますが，

$$C_S = 0.10$$

がよく使われます．

なお，壁面付近では渦の大きさが制限されることから，壁面からの距離に応じて γ_t を補正することがあります．

また，流れ場の状況に応じて C_S を変化させる，ダイナミック SGS モデルも研究されています．

上流側の境界条件

LES で計算する場合，上流からの乱れをどのように表現するかが問題となることがあります．RANS でも，k や ϵ などの乱流量の上流境界条件が問題となりましたが，RANS では乱流量の値を決めれば計算ができます．一方で LES では，上流からの非定常な乱流渦の流入を表現しないと，現実にはあり得ないほどに乱れのない境界条件での計算になってしまいます．

そこで，上流側の一部の区間を周期境界として，その一部の区間で乱れを発達させたり，乱れを誘起する物体を上流境界の近くに置いたりする手法がよく用いられます．

9.1.7 ● DES

一般に，LES 計算の結果は実験値をよく再現するとされていますが，乱流スケールに相当する適切な計算ノードを与えた場合の計算量は，RANS 計算の 10 倍から 100 倍以上にも達することがあり，計算量が多くなりがちです．この乱流スケールは壁面付近では非常に小さくなることから，壁面付近には多くのノードを配置する必要があり，計算量が多くなるおもな原因となります．

そこで，壁面付近の流れ場については k–ω モデルなどの（短い平均時間の）RANS の流れとして解析し，壁面から離れたところでは LES を実施する方法が，Spalart らの提唱した DES (detouched eddy simulation) の手法です．ここでは k–ω モデル計算と LES の混合の例を示します[†]．

一般性をもたせるために，壁面からの距離で切り替えるのではなく，乱流モデ

[†] k–ϵ モデルと組み合わせてもよいのですが，k–ω モデルのほうが壁面に近いところでの精度がよいといわれていることから，k–ω モデルと LES を組み合わせる方法のほうが広く使われています．

での混合距離 L で切り替えます．$k\text{--}\omega$ モデル計算における混合距離は

$$L_{k\omega} = \frac{k^{1/2}}{0.09\omega}$$

とします．これと，LES 計算における混合距離

$$L_{sgs} = C_{sgs} \times (\Delta x \Delta y \Delta z)^{\frac{1}{3}}$$

とを比較します†．ここで，C_{sgs} は経験的定数で，喜久田・古川 [12] の推奨値は 1.60 です．

$L_{k\omega} < L_{sgs}$ のときには，$k\text{--}\omega$ モデルにより渦動粘性係数を決めます．そうでないときには，LES のモデルから渦動粘性係数を決めます．なお，k と ω の計算は，つねに流れ場全体で行う必要があります．

9.2 定常計算

ここまで，流れは時間とともに変化すること，すなわち流れが非定常流れであることを前提として説明をしてきました．これに対して流れがほぼ定常流れ，すなわち時間が経っても変化しない場合には，少し長い時間の計算をして，その最終状態を解とすることで定常流れの結果（定常解）を得ることができます．

一般的に流れは非定常なので，定常解には意味がないと思われるかもしれません．しかし，定常解だけが欲しい場合もあります．流れは非定常性が強く，とくに乱流では時々刻々流れは変わっていきますが，時間平均値は一定になることがあり，この時間平均だけが欲しい場合には，定常解が得られればよいことになります．また適切な初期値，すなわち境界条件を満たしていて，かつ，連続の式や NS 方程式の解に近い流れ場のデータが欲しいこともあります．このような近似的な定常解を得られれば，それを初期値として非定常計算を開始できます．

このようなことから，定常解を求めるための手法が提案されています．それらの手法はまとめて「定常計算」あるいは「定常解法」とよばれます．

定常計算では，もとの方程式における非定常項を除いた方程式を解きます．たとえば，x 方向の NS 方程式は（外力項を省略すると）

---

† 古川らの論文では $L_{sgs} = C_{sgs} \times \max(\Delta x, \Delta y, \Delta z)$ となっているのですが，この式では特定の方向の格子のみが長いときに影響が強すぎるおそれがあります．ここでは式 (9.15) と同じ長さスケールの定義を用いた式にしてあります．

$$\frac{\partial u}{\partial t} = C(u) - \frac{1}{\rho}\nabla(p) + \mathcal{L}(\gamma, u)$$

と書けますが，定常計算では

$$0 = C(u) - \frac{1}{\rho}\nabla(p) + \mathcal{L}(\gamma, u)$$

のような定常状態の NS 方程式を解きます．

乱流モデルについても同様で，たとえば k–ϵ モデルの k の方程式は，定常計算では

$$0 = C(k) + \mathcal{L}\left(\frac{\gamma_t}{\sigma_k}, k\right) + G + \left(-\frac{C_\mu k}{\gamma_t}\right)k$$

となります．

このような定常計算の手法については，Patankar の著したバイブル的な教科書 [13] がありますので，詳細についてはその本を読んでください．また，実際のソースコードは [9] にも示されています．

9.3 内部物体や移動物体のある流れ

9.3.1 内部物体や曲面の表現

これまで作ってきた channel1.py などでは，直交座標系で $\Delta x, \Delta y$ が一定という計算格子を使っています．このため，境界面が斜めになっていたり，あるいは曲面のようになっている場合，ノードと実際の境界面とが一致しないことになります．

図 9.6 は，channel1.py のようなソースコードで流れ場の中に固体の円柱がある場合の例です．円柱表面の曲線を細い実線，セル境界を破線で示しています．ま

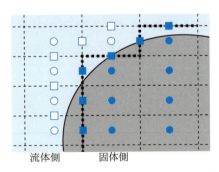

図 9.6　ノードが実際の境界面と一致しない例

た，円柱の内部に含まれる境界の圧力ノードを●で，流体である圧力ノードを○で表示しています．黒丸と白丸の間に位置する速度ノードは，WALL 境界として設定します（■）．

このように設定すれば，これまでのやり方でこの流れを計算することは可能です．しかし，計算上の壁面は，図の太い破線のような，セルに沿って凹凸をもつものとなってしまいます．

この例では計算精度が高いとは思えません．セルをもっと小さくしていけば精度を上げることは可能ですが，このようなセルごとの凹凸がなくなることはないので，計算手法として対応すべきことといえます．その方法の一例を以下に示します．

9.3.2 ● 仮想外力法（IBF 法）

長方形あるいは直方体のセルを使って，斜めの面や曲面を計算するための手法として，カットセル法などの手法が提唱されています．また，計算領域の中で流体とともに固体物体が移動する流れを扱う手法として，仮想外力法や CIP 法の応用が研究されています．ここでは，そのうちの一つである仮想外力法 [14] の一つを紹介します．

仮想外力法（immersed body force method, IBF 法）は，もともとは移動物体を扱うための手法ですが，セルの境界と物体表面とが合致していない場合にも適用できると考えられます．この方法では，物体表面での流速が物体の速度に近くなるような仮想的な外力 (immersed force) を流体に対して加えます．

さて，仮想外力法を使うために変数 ψ を用意し，固体内部では $\psi = 1$，流体部では $\psi = 0$ となるように ψ の値を計算します．計算セルの一部が固体で占められている場合は，その体積割合を ψ とします．

通常の SMAC 法の圧力補正の段階（第 4 ステップ）[†] は

$$\delta u \equiv -\frac{1}{\rho}\frac{\partial \Delta p}{\partial x}\Delta t$$

として

$$u^{n+1} = u^* - \frac{1}{\rho}\frac{\partial \Delta p}{\partial x}\Delta t = u^* + \delta u$$

[†] SMAC 法の第 1 ステップで以下の計算を行うやり方もあります．

と表現できます．仮想外力法では，ここに単位質量の流体にはたらく仮想外力項 f_i を付加して，

$$u^{n+1} = u^* + \delta u + f_i \Delta t \qquad (9.16)$$

とします．この仮想外力の設定にはいろいろな式が考えられますが，たとえば ψ を用いて

$$f_i = \frac{\psi}{\Delta t}\{u_w - (u^* + \delta u)\} \qquad (9.17)$$

を与えると，$\psi = 1$ すなわち完全に固体のノードである場合には，速度補正後の速度 u^{n+1} が壁面速度 u_w に一致し，$\psi = 0$ すなわち完全に流体のノードでは $f_i = 0$ となります．

式 (9.16) に式 (9.17) を代入すると

$$u^{n+1} = u^* + \delta u + f_i \Delta t = (u^* + \delta u) + \{u_w - (u^* + \delta u)\}\psi$$

となり，この式の第 2 項が仮想外力の効果に相当します．これにより，セルの境界と物体表面のずれの効果が反映されます．

仮想外力を加える代わりに，上の第 2 項に似た速度修正をして，等価な効果を得る方法も提案されています．

9.3.3 ● 角部のある壁面での圧力計算

凹凸のある形状の話が出たので，ここで，角部のある壁面での圧力計算のやり方を補足解説しておきます．

圧力ノードと固体壁面とが図 9.7 のように配置されている状況で，圧力変化 Δp を計算する状況を考えてみます．ノード A は壁面の内部にあり WALL のノードです．ノード B, C は流体側に存在しており，LIQUID のノードです．

Δp についてのポアソン方程式

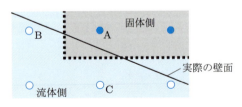

図 9.7 角部の近くでの圧力計算

$$\mathcal{L}(\Delta p) = \frac{\rho}{\Delta t} D(\mathbf{v}^*)$$

を解くとき，ノードBにおいてラプラシアン $\mathcal{L}(\Delta p)$ を評価するために，普通であれば周囲のノードの値を使います．このときノードAの Δp の値は，ノードBでの $\mathcal{L}(\Delta p)$ を計算するときとノードCでの $\mathcal{L}(\Delta p)$ を計算するときの，合計2回参照されます．

しかし，壁面での圧力の境界条件は，壁面の法線 n の方向に $\partial \Delta p/\partial n = 0$ となるノイマン境界です．これを厳密に満たすように壁面内部のノード（Aなど）に値を設定するのはかなり難しいです．このため簡略化して，壁面がある側にはその方向のノイマン条件を与えることにします．

ノードBで計算するときはノードAの値を使わず，$\partial \Delta p/\partial x = 0$ をBの右側で与えます．同様にノードCで計算するときは，$\partial \Delta p/\partial y = 0$ をCの上側で与えます．navP.py の34行目以降 p_Laplace() の中で，

```
...
fe = f[n+1]
if is_neumann(fld.bc_code_p, n+1):
    fe = fp
...
```

などと記述していたのは，このような理由です．このようにすることで，ノードAの Δp がどのような値であってもBやCの計算には影響を与えないようにして，ポアソン方程式を解くことができます．

残る問題は，最終的なノードAでの Δp あるいは p の値です．ノードAにおいてノイマン条件をBとCの両方に対して満たすことは難しいので，BとCの圧力の平均値をAでの値とするなどの対応が必要です．ただし，いまのコードではノードAが参照しているノードと同じとしています．このため，可視化したときに，壁面近傍の圧力分布の見栄えがよくありません．

9.4 液面のある流れ

気体と液体が混合している状態の流れは，現在も研究が盛んに行われている分野です．このうちキャビテーション気泡の発生とその崩壊の詳細，あるいは蒸発・凝縮現象などは，μm 以下のミクロなスケールの現象がマクロな現象を支配しており，

取り扱いが難しい分野です．

一方で，液体と気体が比較的平坦な液面で区切られた状態の流れについては，小さなスケールから津波のような大規模な現象まで，ある程度の信頼性をもって解けるようになってきています．このような流れ場は自由界面 (free surface) 流れとよばれます．

このような計算を行う手法としては，計算格子を液面形状に合わせて修正する方法と，計算格子は動かさずに液体の占める割合を変化させる方法とに大別できます．前者としてはラグランジュメッシュ (Lagrange mesh)，ALE メッシュ (arbitrary Lagrangian–Eulerian mesh) などの方法が知られています．後者としては MAC 法 (marker and cell method)，VOF 法，密度関数法などが有名です．また，(やや一般性に欠けますが) 液面の鉛直方向の高さ H を変数とした方程式を立てて解く解法もあります．以下では，後者の方法について簡単に説明します．

なお，計算領域の中に水面のような液面を含む場合に，液面の上の気体の動きは液体の動きには影響しないものと仮定して，液体部分のみの計算を行うことも多いです．

9.4.1 ● 密度関数法

液体の部分で $\eta = 1$，気体の部分では $\eta = 0$ となる変数 η を考えます．η は圧力ノードの位置で定義し，一つのセルの中で液体が占めている体積の割合という意味をもつとします．$0 < \eta < 1$ では，セルの一部は液体であり，一部は気体であることに相当します．また，液面を「$\eta = 0.5$ となる位置」と定義します．

このようなスカラー量 η を，流体の流速に従って移動（対流）させることで液面の運動をシミュレートする方法を，密度関数法 (density function method) とよびます．

具体的には，密度関数法では η についての対流方程式

$$\frac{\partial \eta}{\partial t} + u\frac{\partial \eta}{\partial x} + v\frac{\partial \eta}{\partial y} + w\frac{\partial \eta}{\partial z} = 0 \tag{9.18}$$

を解きます．

流速によって物理量（この場合は液体の体積）が運ばれる現象が対流現象であり，それを方程式で表現したものが対流方程式なので，上の式を解くことで η の変化を再現できます．この手法を用いる場合は，CIP 法や風上差分法など，これまでに説明した対流方程式を扱う手法をそのまま用いることができます．ただし，対流

項の計算精度が悪いと液体の質量が保存されないことがあるので，高精度の計算手法を用いることが多いです．

液面での境界条件の与え方には

- 液面に隣接する気体セル（$\eta < 0.5$ であるセル）の圧力を 0，すなわち大気圧とする（やや精度は悪いですが，最も安定です）
- 液面の位置で $p = 0$ となるように，液面に隣接する気体セルの圧力を外挿する（まれに不安定となることがあります）
- $\eta < 1$ であるセルでは，セルに含まれる液体の質量に見合う静水圧を圧力値とする

などのバリエーションがあります．

9.4.2 ● VOF 法

液面の運動をシミュレートするもう一つの考え方として，スタガード格子のセルにおける流束 (flux) を用いて計算する方法があり，その一つである「VOF 法 (volume of fluid method)」とよばれる方法が広く用いられています．

図 9.8 のセル①（液体分率が η_w）からセル②（液体分率が η_p）への液体の移動を考えます．図中で薄い水色が気体，濃い水色が液体の領域です．$u_w > 0$ のとき，図の青の破線で囲まれた領域の液体と気体が，時間ステップ δt の間にセルの境界をまたいで移送されます．このセルの境界の断面積は $\Delta y \Delta z$ であり，破線部の体積は $V = u_w \delta t \times \Delta y \Delta z$ と書けるので，移動する液体の体積は $V \eta_w$ です．同様にセル②からセル③（液体分率が η_e）へ流出する液体の体積は $\eta_p u_e \delta t \Delta y \Delta z$ となります．ただし，ここでは $u_e > 0$ と仮定し，移送される液体の割合は上流側のセルのものを使って計算しました．

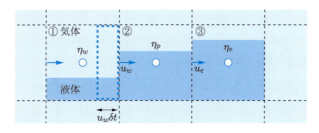

図 9.8 VOF 法のイメージ

この流入と流出により，セル②の液体分率 η は η_p から $(\partial \eta/\partial t)\Delta x \Delta y \Delta z \delta t$ だけ増加するはずなので，液体体積の保存から

$$\frac{\partial \eta}{\partial t}\Delta x \Delta y \Delta z = u_w \eta_w \Delta y \Delta z - u_e \eta_e \Delta y \Delta z$$

すなわち，

$$\frac{\partial \eta}{\partial t} + \frac{u_e \eta_e - u_w \eta_w}{\Delta x} = 0$$

が成立します．これは，いわゆる保存形の対流方程式

$$\frac{\partial \eta}{\partial t} + \frac{\partial (u\eta)}{\partial x} = 0$$

を離散化したものに相当します．3次元に拡張すると，

$$\frac{\partial \eta}{\partial t} + \frac{\partial (u\eta)}{\partial x} + \frac{\partial (v\eta)}{\partial y} + \frac{\partial (w\eta)}{\partial z} = 0 \tag{9.19}$$

になります．これらの式に出現している $u\eta$ や $v\eta$，すなわち「速度 × スカラー量（ここでは η）」のような量は，一般に流束 (flux) とよばれます．

密度関数法の式 (9.18) と VOF 法の式 (9.19) は似ていますが，式 (9.19) は保存型であり，厳密に液体体積の連続の式を満たしています．とくに，スタガード格子を採用している場合は，u_w, u_e のようなセル界面で速度が定義されているので，内挿が不要となります．

また，VOF 法と密度関数法の違いは方程式だけではありません．たとえば VOF 法を提唱した Hirt の論文 [15] では，液面が上昇する場合に，あるセルが完全に液体で満たされるまではその上のセルには液体が移動しない，というルールが課されています．また 2 次元や 3 次元の場合には，液体が溜まっている方向によって移動する液体の量が変わり，さらに $\eta = 0$ が液面を意味します．これとは異なるやり方でも，VOF 法とよばれている（あるいは称している）ことがあるので注意が必要です．

9.4.3 ● 表面張力が強い場合の計算

小さな気泡や水滴のような形状が存在する計算においては，表面張力 (surface tension) を無視することはできません．

表面張力 F_s は

$$F_s = -\kappa \sigma \cdot n_s$$

と書けます．ここで，n_s は界面単位法線ベクトル，σ は表面張力係数，$\kappa = \nabla \cdot n_s$ は界面の曲率です．これを以下のようにモデル化した，CSF モデル (continuum surface force model)[16] がしばしば利用されます．

$$F_s = -\sigma \left\{ \nabla \cdot \left(\frac{\nabla F}{|\nabla F|} \right) \right\} \cdot \nabla H$$

ここで，F はレベルセット関数とよばれるもので，気液界面からの符号付きの距離を意味しており，$F = 0$ の等値面が液面となります．また H は，F の分布をシャープなものに変換するヘビサイド関数で

$$\begin{aligned}
H &= 0.5 & (F > \alpha) \\
H &= -0.5 & (F < -\alpha) \\
H &= \frac{1}{2} \left\{ \frac{F}{\alpha} + \frac{1}{\pi} \sin\left(\frac{\pi F}{\alpha} \right) \right\} & (|F| < \alpha)
\end{aligned}$$

と定義します．α は格子幅 h と同程度の大きさにとられます．

9.4.4 ● 飛沫や小さな気泡の扱い

　気体の中に液体となるノードが一つだけ存在して，そのノードの周囲がすべて気体となっている場合には，有限差分計算が成り立たず，発散することがあります．これは液体が飛沫状になったときなどに生じます．このような孤立した液滴は，いずれほかの液体と合体するまでは気体として扱う必要があります．まったくの孤立ではなく，特定の方向にだけ不連続がある場合にも，なんらかの補正が必要になることがあります．

　また逆に，液体の中に気体のノードが孤立して発生することもあります．このような孤立した気泡がある場合にも計算が発散してしまうため，このノードは液体として扱う必要があります．

9.5 前処理：一般曲線座標系と格子生成

　市販されている流体シミュレーションソフトの多くでは，一般曲線座標系における方程式を解いています．この手法では，物体や流れ場の形状に合わせてノードを配置することで計算精度を高めると同時に，格子幅を適宜調整することで必要な場所にノードを集められます．

しかし一方で，ノードを配置する手間が大変です．このような作業は前処理の中でも「格子生成 (grid generation)」とよばれ，専用のサポートツールはあるものの，作成する人によって得られる計算格子が異なり，計算結果も微妙に異なってしまうことがあります．格子生成にはどうしても職人芸のような定量化しきれない要素が残るのが現状です．

ここまでは，デカルト座標系で格子間隔が一定の場合で話をしてきましたが，一般曲線座標系の考え方は市販ツールを使ううえでは非常に重要であるので，ここで簡単に見ておきましょう．

9.5.1 ● 一般曲線座標系

図 9.9(a) のような楕円物体のまわりの流れを解く際には，物体の表面や境界条件面の上にちょうどノードが乗るように，ノードを配置します．このようなノード配置を物体適合格子とよぶこともあります．これをシミュレートするときに，座標変換して図 (b) のような ξ_0, ξ_1, ξ_2 の直交座標系に写像します．この例ではノード a,b は二つに分かれて写像されています．

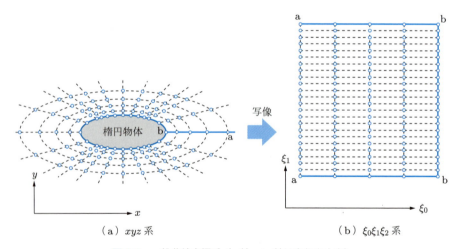

(a) xyz 系　　　　　　　　　(b) $\xi_0 \xi_1 \xi_2$ 系

図 9.9　一般曲線座標系（z 軸，ξ_2 軸は奥行き方向）

この ξ_0, ξ_1, ξ_2 の座標系を計算座標系，一般曲線座標系，あるいは計算空間とよびます．計算座標系において流れの方程式を解くようにシミュレーションのプログラムを作っておけば，どのようなノードの分布であっても同じプログラムで解けます．そして得られた解を逆変換によってもとの座標系に戻せば，それぞれの場合

の解となります．市販の解析ツールのほとんどは，このようなやり方を使っています．

写像の実際や，計算座標系における方程式については十分に研究が進んでおり，「一般曲線座標系」や「座標変換テンソル」のようなキーワードで，多くの参考文献を見つけることができます．

9.5.2 ● 格子の質

「よい」計算格子とは，どのようなものでしょうか．学術的な定義はないものの，一般的には，「できるだけ実際の流れに近い解を，できるだけ少ないノード個数で解けるもの」が「よい」とされます．

計算の負荷を考えると格子の点数は少ないほどよいのですが，実際と異なる解を得ても意味はありません．このため，計算をして結果を得てからでないと，その格子が「よい」かどうかはわからないのが実情です．

しかし，慣れてくるとある程度の予測はつきます．その経験的な指標として，以下の三つがあります．

直交性 (orthogonality)

- 隣り合うノードを結んで得られる格子線ができるだけ直交することが望ましい（図 9.10 参照．格子線どうしが直交する計算系においては，空間の歪みが小さくなるためです）．

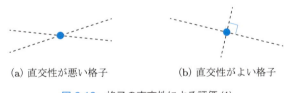

(a) 直交性が悪い格子　　(b) 直交性がよい格子

図 9.10　格子の直交性による評価 (1)

- また一般に，流線と格子線の一つが平行（ほかの格子線に垂直）であると，計算精度が高い（図 9.11 参照．図 (b) のようになることが望ましいです．壁面付近で格子線が壁面に平行に近くなるよう設定されることが多いのは，このためです）．

連続性 (continuity)

- 格子セルのサイズすなわち隣り合うノード間の距離 Δx が，急激に変わらない

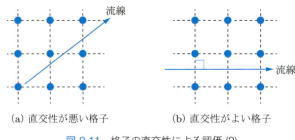

図 9.11　格子の直交性による評価 (2)

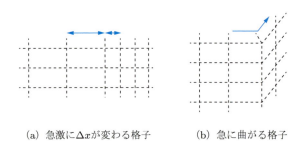

図 9.12　格子の連続性が悪い例

ことが望ましい（図 9.12(a) のようになっていないこと．一説によれば，隣のセルの Δx から 1.3 倍以内に納めるのがよいとされます）．

- また，格子線の方向が突然曲がる（折れたように見える）のも避けるべきである（図 9.12(b) のようになっていないこと）．

解像度 (resolution)

- 物理現象を再現するために十分なノードの数があること．とくに，物理量が急激に変わるところには多くのノードを置く必要がある（流れにおいては，境界層がその代表例です．また渦の中心付近，はく離点やよどみ点にもノードを多めにおくことが多いです）．

計算の際の注意点

複雑な形状の流路や物体に対して，「よい」格子を生成するための手間は大きいため，有限要素法のように四面体セルによって自動的に空間を埋める方法がしばしば使われます．ただし，壁面付近の流れ解析に四面体セルを用いると精度が落ちることが多いため，壁面付近では壁に沿うように格子を生成し，壁から離れたところで四面体セルを用いる手法もあります．

9.5 前処理：一般曲線座標系と格子生成　　183

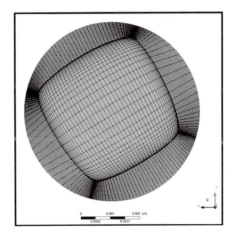

図 9.13　格子線の例（パイプの断面）

　一般に，解像度すなわちノード数や格子間距離を変えると，解析結果が変化します．このため，実際の解析においては，格子間隔を系統的に変化させて解の変化の様子を見ることにより，適切な格子を選ぶことが推奨されます．具体的には，まず粗い格子（ノード数の少ない格子）で計算し，徐々に格子を細かくした計算を積み重ね，流れの代表値の値がほぼ変わらなくなるまで繰り返すことが行われています．最近ではこのような検証がなく，かつ実験値との比較もない論文は，査読を通らないのが普通です．

　まれに，実験結果に一番合致するような格子を選ぶ人がいるようですが，もし格子間隔を細かくしていくことで計算結果が実験と食い違っていくようであれば，実験あるいは計算のいずれかで何か重大な点を見落としている可能性が高いです．

　かといって，格子を細かくするにも限度があります．計算の基礎となる NS 方程式は，流体が連続体であると仮定して得られた式ですが，実際の流体は分子から構成されています．分子の大きさに近いスケールでは NS 方程式は成立しませんので，格子間隔を分子の大きさのオーダー（目安としては 1.0×10^{-8} [m] 程度）以下に設定することにはかなり疑問が生じます．ですが，気をつけていないと，このような設定が容易にできてしまいます．

　なお，定常計算において格子を細かくしても値が一定にならないとき，現象の非定常性が強いことが考えられます．その場合には非定常計算を行ってみるとよいでしょう．

9.5.3 ● 格子生成

手作業で 3 次元空間にノードを規則正しく並べるのは大変なので，物体の形状データからノードの位置を計算する方法がいくつも提案されています．

最も単純なものの一つは，transfinite 内挿による格子生成方法です．ここでは，Eriksson による補間法 [17] を一部単純化したものを紹介します．

インデックス i, j, k におけるノードの位置を $\vec{x}(i, j, k)$ で表すものとし，$i = 0, \ldots, N_0 - 1$, $j = 0, \ldots, N_1 - 1$, $k = 0, \ldots, N_2 - 1$ とします．そして，i が 0 あるいは $N_0 - 1$ の場合には，そのノードは計算領域の境界面上の点であるとします．

混合関数 (blending function) のパラメータとして，i 方向に $s(i)$, j 方向に $t(j)$, k 方向に $u(k)$ をとります．$s(0) = 0$, $s(1) = 1$, $t(0) = 0$, $t(1) = 1$, $u(0) = 0$, $u(1) = 1$ で単調増加関数であれば，その中身は自由です．また，$\xi = i/(N_0 - 1)$, $\eta = j/(N_1 - 1)$, $\zeta = k/(N_2 - 1)$ とします．

第 1 段階の補間として，すべての j, k について

$$\vec{y}(i, j, k) = s(\xi)\vec{x}(0, j, k) + (1 - s(\xi))\vec{x}(N_0 - 1, j, k) \tag{9.20}$$

とします．

第 2 段階の補間修正として，すべての i, k について

$$\begin{aligned}\vec{z}(i, j, k) = {}& \vec{y}(i, j, k) + t(\eta)\left(\vec{x}(i, 0, k) - \vec{y}(i, 0, k)\right) \\ & + (1 - t(\eta))\left(\vec{x}(i, N_1 - 1, k) - \vec{y}(i, N_1 - 1, k)\right)\end{aligned} \tag{9.21}$$

とします．

さらに，3 次元では第 3 段階の補間修正として，すべての i, j について

$$\begin{aligned}\vec{X}(i, j, k) = {}& \vec{z}(i, j, k) + u(\zeta)\left(\vec{x}(i, j, 0) - \vec{z}(i, j, 0)\right) \\ & + (1 - u(\zeta))\left(\vec{x}(i, j, N_2 - 1) - \vec{z}(i, j, N_2 - 1)\right)\end{aligned}$$

とします．最後に得られる $\vec{X}$ が補間されたノードとなります．

各段階で参照される $\vec{x}$ は境界上のデータのみが参照されているので，この領域のデータのみ用意すればよいです．すなわち，境界面上にノードがうまく配置されていれば，この方法で内部のノードを生成できます．また，その粗密の分布を内挿関数 $s(), t(), u()$ で制御できます．

2 次元の格子を生成した例を，次に示します．図 9.14 は境界ノードの位置です．例として扇型の領域をとっており，周方向が ξ 方向，半径方向が η 方向に相当します．

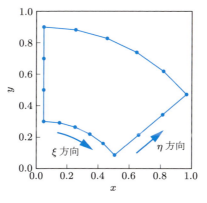

図 9.14 境界ノードの位置

簡単のために，混合関数を

$$s(\xi) = \xi, \quad t(\eta) = \eta$$

にします．すなわち，境界ノードの分布をそのまま内部のノードの分布に反映させます．

transfinite 法の第 1 段階，すなわち式 (9.20) で内部ノードを生成すると，図 9.15 のような格子分布が得られます．まだ途中段階のため，半径方向についてはノードが形状に一致していません．

さらに，第 2 段階の式 (9.21) を適用すると，図 9.16 のような格子を得られます．2 次元ではこれで境界形状に合致したノードが得られたことになります．

この方法で作成した格子は，境界面のゆがみなどをそのまま引き継いでしまうた

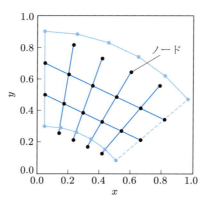

図 9.15 transfinite 法の第 1 段階でのノード位置

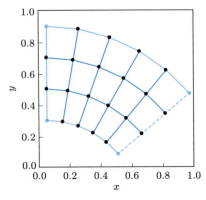

図 9.16　transfinite 法の第 2 段階でのノード位置

めに，格子線が直交するとは限らないのが欠点です．格子位置についてのポアソン方程式を解いてノード位置を決める方法では，格子線をかなり直交させることができますが，計算に時間がかかります．また，複雑な形状の場合には，いくつかのブロックに領域を分割しないと，格子が生成できないこともあります．

> **問題 9.1**
> 図 9.16 のように，物体に対して格子を生成するプログラムを実際に作ってみましょう．前に作成した canvas モジュールを使うと少し楽に作れます．

本章のまとめ
- 汎用 CFD ソフトで使われる一般曲線座標系の概念を学びました．
- 格子の質と，生成方法について学びました．

次のステップへ

機能の拡張

　この本では，非圧縮流れを解析するアプリケーションを Python で書いてきました．そして限定的とはいえ，ある程度の自由度をもって，解きたい流れを解けるところまで到達しました．

　ここから，さらに自分なりのアプリケーションを書くこともできれば，ここまでの経験を生かして既存の CFD アプリケーションで解析を行うこともできます．

　もし，自分なりの CFD アプリケーションを作りたいと考えるなら，

- 乱流モデルの導入
- 3 次元計算への拡張
- 一般曲線座標系への拡張，あるいは IBF などの導入
- より簡単に問題設定を行えるような拡張
- より高精度な有限差分の適用
- 並列計算の適用

など，さまざまな方向が考えられます．興味があれば，ぜひ挑戦してみてください．

　ちなみに筆者自身は，この本で紹介している考え方をもとに，3 次元の乱流を計算するアプリケーションを作り，自分の講義と研究に利用しています．少しでも計算速度を上げるために，このアプリケーションは C 言語と OpenACC とを使って記述しています．

マルチリンガルのすすめ

　残念ながら Python で書いたコードでは，大きな規模の計算をするのは難しいです．Python は最初にソースコードを作ったり，新しいやり方を試してみたりする

には最適だと思いますが，そのままでは計算速度が遅く，大規模な計算を行うには時間がかかりすぎることがしばしばあります．

そこでお勧めするのは，コンピュータ言語におけるマルチリンガルです．ひととおり Python をマスターできたら，次は別のコンピュータ言語をマスターしてみましょう．たとえば，MPI 並列計算や OpenAcc の計算を行うなら，C 言語や Fortran は現在でも非常に有用です．ほかにも，Go 言語をはじめとして多数のコンピュータ言語があり，選ぶことができます．実際の外国語でマルチリンガルになるのは大変ですが，コンピュータ言語のマルチリンガルになるのは比較的簡単です．

筆者は，サーバー等で使うことのあるシミュレーションのソフトウェアは C 言語で，自分のパソコンで使うことの多い後処理のソフトウェアは Go 言語で記述しています．もちろん，簡単なツールやアルゴリズムを試すときには Python も使っています．

おわりに

ここまで実際にソースコードを作りながら読んでいただいた方は実感していると思いますが，計算自体よりも，その支援や準備のために，多くの記述が必要となっています．CFD の論文や教科書を読んで理解したとしても，そこから実際に解析ができるソースコードを作るのは意外に難しく，そのノウハウは教科書などにはあまり書かれていません．

この本で示したソースコードの中には，教科書に書かれているやり方とは違う，筆者独自の手法を使っているところもあります．また，一般性に乏しいところも多々あります．それでもすべてのソースコードを公開しているのは，独自に解析コードを作れることが大事であると考えているからです．

市販ツールをインストールすれば，誰でも CFD のシミュレーションを行えます．それを使えば研究もはかどります．しかし，新しいやり方を開発する人がいなくなれば，CFD には将来性がなくなってしまいます．

CFD の歴史はまだ短いですが，それでも使われる手法には時代的な流行がありました．利用できる計算機の状態によって，あるいは必要に応じて，あるいは利用者の好みによって，手法は変わってきました．世の中に複数のやり方の解析コード

が存在することと，つねに新しい試みがなされ続けることがとても大切であると思っています．

　シミュレーションがうまくいかないときには胃が痛くなるような苦しみを味わうこともあるのですが，うまく動いたときの喜びは格別です．ぜひ，皆さんも自分がよいと思う手法で，自分の計算のためのアプリケーションを作っていただきたいと思っています．この本がそのきっかけ，あるいは参考になれたなら，とても嬉しいです．

問題の解答例とヒント

第 1 章

問題 1.1　一つのやり方は，値のわかっているものを出力させてみることです．たとえば

```
import math
print(math.sin(30.0))
```

としたときに，sin 30 [deg] の値が出るのか，ラジアン単位で 30 の場合の値が出るのかで判別できます．

第 2 章

問題 2.1
(1) これは自分で工夫してやってみましょう．
(2) 一例ですが，sindiff.py を実行した後に，変数などを引き継いでさらに計算するためのソースコード (sindiffPrac.py) を示します．

コード A.1　sindiffPrac.py

```
1  import math
2  import sindiff
3
4  print("### xx diff")
5  for n in range(sindiff.nmax):
6      x = n * sindiff.dx
7      diff = math.fabs(sindiff.result[n] - math.cos(x))
8      print(x, diff)
```

2 行目でインポートしたときに，sindiff.py の中身も実行されます．そして sindiff.py の中で設定された変数は sindiff.nmax などのように使えます．

このコードを実行すると，理論解 $\cos(x)$ との差の絶対値を数値として得ることができます．計算の境界では微分を計算していないので，差が大きく出ています．これから境界での値を除いて求めた平均値が，全体としての計算精度といえるでしょう．

第 3 章

問題 3.1

(1) 図 3.2 のグラフに，理論解である式 (3.2) のデータを重ねてもよいですが，計算精度を確認するなら計算値と式の差を表示させるのがよいでしょう．

後者の場合であれば，visex.py の 29 行目以降に

```
29      print("### xx  diff")
30      for n in range(nmax):
31          x = n * delta_x
32          diff = fu[n] - (2.0 * x * (1.0 - x))
33          print(x, diff)
```

のようなコードを追加して差を求め，それをグラフにするなどしてみましょう．

なお，visex.py では直接実行されたときの特別な仕掛け (__main__) がありますので，問題 2.1(2) のようにインポートしても変数を引き継ぐことができません．また，この追加した箇所は if 節の内部に入るべきなので，全体にインデントされていることに注意してください．

(2) ぜひ自分で体験してほしいので，ここでは結果を示しません．計算する時間ステップを 1000 ではなく 100, 200 などと変えて，どのように値が変わったのかを見てみるとよいでしょう．こうなった理由のヒントは，式 (3.6) にあります．

問題 3.2 この演習は各自でやってみてください．

第 5 章

問題 5.1

(1) 有限差分のやり方は 1 種類ではないので，一例を示します．$u[i,j]$ を x 方向に挟んでいる圧力ノードの間で差分をとると，以下のように離散化できます．

$$-\frac{1}{\rho}\frac{p[i+1,j]-p[i,j]}{\Delta x}$$

(2) スタガード格子の位置関係から，以下のように内挿できます．

$$v = \frac{1}{4}\left(v[i,j]+v[i+1,j]+v[i,j-1]+v[i+1,j-1]\right)$$

(3) (a) 対流項も粘性項も 0 であるとして，圧力項だけを加算します．(1) の回答を使うと流速 u の i 番目のノードでは，図から

$$u_i^* = u_i^n - \frac{\Delta t}{\rho}\frac{p[i+1,j]-p[i,j]}{\Delta x} = u_i^n - \frac{\Delta t}{\rho}\frac{-a}{\Delta x}$$

となり，隣り合うノードの間の u^* の差を考えて，次式で表せます．

$$b = \frac{\Delta t}{\rho}\frac{a}{\Delta x}$$

(b) 1 次元の系では $D^* = (\rho/\Delta t)\partial u^*/\partial x$ であるので，ノード i における D^* は

$$D^* = \frac{\rho}{\Delta t}\frac{2b}{\Delta x}$$

(c) ポアソン方程式は，以下の形になります．
$$\frac{\Delta p_{i-1} - 2\Delta p_i + \Delta p_{i+1}}{\Delta x^2} = \frac{\rho}{\Delta t}\frac{2b}{\Delta x}$$

(d) 上のポアソン方程式で，隣り合う p の差が d となったので，
$$\frac{2d + 2d}{\Delta x^2} = \frac{\rho}{\Delta t}\frac{2b}{\Delta x}$$
となります．b の式を a で表して整理すると
$$\frac{4d}{\Delta x^2} = \frac{2a}{\Delta x^2}$$
よって
$$d = \frac{a}{2}$$
となります．

(e) p^n に振幅 a の振動があるところに，振幅 $2d$ で逆位相の振動をもつ Δp が加算されるので，$p^n + \Delta p$ は一定になります．

(f) u_i において
$$u_i^{n+1} = u_i^n - \frac{\Delta t}{\rho}\frac{p[i+1,j] - p[i,j]}{\Delta x} - \frac{\Delta t}{\rho}\frac{\Delta p[i+1,j] - \Delta p[i,j]}{\Delta x}$$
$$= u_i^n - \frac{\Delta t}{\rho}\frac{a}{\Delta x} - \frac{\Delta t}{\rho}\frac{2d}{\Delta x} = u_i^n$$
となります．もともと u_i^n は一定であったので，振動がちょうど消えることになります．

第 7 章

問題 7.1 $t = 1, 1.9999$ の場合も各自で描いてみてください．

第 9 章

問題 9.1 前に作成した canvas モジュールを使って，ノードと格子線を描いた PDF ファイルを生成する例 transfinite.py を分割して示します（あくまで一例です）．

はじめに領域の形状を定義します．扇型の四つの曲線をそれぞれ edge とよんでいますが，これは単に (x, y) のタプルをリストに並べたものです．

コード A.2　transfinite.py (Part1)

```
1  # @ Part1
2  import numpy
3  import math
4  import matplotlib.pyplot as plt
5  import canvas
6
7
```

```
 8  def make_edges(n0, n1):
 9      # make edge lines for fan shape
10      r_i = 0.6
11      r_o = 1.2
12
13      edge0 = []
14      edge1 = []
15      for i in range(n0):
16          edge0.append(make_fan(r_i, calc_theta(i)))
17          edge1.append(make_fan(r_o, calc_theta(i)))
18
19      theta_2 = calc_theta(0)
20      theta_3 = calc_theta(n0 - 1)
21      dr = (r_o - r_i) / float(n1 - 1)
22      edge2 = []
23      edge3 = []
24      for j in range(n1):
25          edge2.append(make_fan(r_i + dr * j, theta_2))
26          edge3.append(make_fan(r_i + dr * j, theta_3))
27
28      return (edge0, edge1, edge2, edge3)
```

次に transfinte 内挿によってノードの位置を計算しています．関数 make_grid1 が，式 (9.20) の処理を，また関数 make_grid2 が，式 (9.21) の処理をしています．

コード A.2　transfinite.py (Part2)

```
31  # @ Part2
32  def make_grid1(edges):
33      # transfinite step 1
34      assert (len(edges[0]) == len(edges[1]))
35      assert (len(edges[2]) == len(edges[3]))
36      n0 = len(edges[0])
37      n1 = len(edges[2])
38      nmax = n0 * n1
39      grid1 = [(0, 0)] * nmax
40
41      for j in range(n1):
42          x_w = edges[2][j]   # x_{0,    j,k}
43          x_e = edges[3][j]   # x_{n0-1, j,k}
44
45          for i in range(n0):
46              xi = float(i) / float(n0-1)
47              sb = 1.0 - xi
48              pos = (x_w[0] * sb + x_e[0] * xi, x_w[1] * sb + x_e[1] * xi)
49              grid1[i + n0 * j] = pos
50      return grid1
51
```

```
52
53  def make_grid2(grid1, edges):
54      # transfinite step 2
55      n1 = len(edges[2])
56      n0 = len(edges[0])
57      nmax = n0 * n1
58      grid2 = [(0, 0)] * nmax
59
60      for i in range(n0):
61          x0 = edges[0][i]   # x_{i,0,k}
62          x1 = edges[1][i]   # x_{i,n1-1,k}
63
64          for j in range(n1):
65              eta = float(j) / (float(n1-1))
66              tb = 1.0 - eta
67              y_ij = grid1[i + j * n0]
68              y0 = grid1[i + 0 * n0]
69              y1 = grid1[i + (n1 - 1) * n0]
70              pos = (y_ij[0] + tb * (x0[0] - y0[0]) + eta * (x1[0] - y1[0]),
71                     y_ij[1] + tb * (x0[1] - y0[1]) + eta * (x1[1] - y1[1]))
72              grid2[i + j * n0] = pos
73      return grid2
```

次の関数は扇型の形状を計算するときに使ったものです．

コード A.2 transfinite.py (Part3)

```
76  # @ Part3
77  def calc_theta(i):
78      return (90 - i * 10)/180.0 * 3.14
79
80
81  def make_fan(r, theta):
82      return (0.05 + r * math.cos(theta), -0.3 + r * math.sin(theta))
```

格子形状を描画するための関数を，次に実装しています．matplotlib の関数を呼び出しています．

コード A.2 transfinite.py (Part4)

```
85  # @ Part4
86  def draw_grid(n0, n1, grid, color1):
87
88      for j in range(1, n1 - 1):
89          gx = numpy.zeros(n0)
90          gy = numpy.zeros(n0)
91          for i in range(n0):
92              pos_a = grid[i + j * n0]
93              gx[i] = pos_a[0]
```

```
 94            gy[i] = pos_a[1]
 95        plt.plot(gx, gy, "-o", color = color1)
 96
 97    for i in range(1, n0 - 1):
 98        gx = numpy.zeros(n1)
 99        gy = numpy.zeros(n1)
100        for j in range(n1):
101            pos_a = grid[i + j * n0]
102            gx[j] = pos_a[0]
103            gy[j] = pos_a[1]
104        plt.plot(gx, gy, "-o", color = color1)
105
106
107 def draw_edge(edge, col):
108    for idx, pos in enumerate(edge):
109        if idx > 0:
110            pre = edge[idx-1]
111            plt.plot((pos[0], pre[0]), (pos[1], pre[1]), "-o", color = col)
112
113
114 def draw_edges(edges, color):
115    for i in range(4):
116        draw_edge(edges[i], color)
```

以下の main 部では，前に作った canvas モジュールの関数と，ここまでに定義した関数を順次呼び出して，3 枚の画像を PDF ファイルに作っています．

コード A.2　transfinite.py (Part5)

```
119 # @ Part5
120 if __name__ == '__main__':
121    n0 = 6
122    n1 = 4
123    edges = make_edges(n0, n1)
124    canvas.make(5.0, 5.0)
125    draw_edges(edges, "black")
126    canvas.save("grid0.pdf")
127
128    grid1 = make_grid1(edges)
129    canvas.make(5.0, 5.0)
130    draw_edges(edges, "gray")
131    draw_grid(n0, n1, grid1, "black")
132    canvas.save("grid1.pdf")
133
134    grid2 = make_grid2(grid1, edges)
135    canvas.make(5.0, 5.0)
136    draw_edges(edges, "gray")
137    draw_grid(n0, n1, grid2, "black")
138    canvas.save("grid2.pdf")
```

参考文献

[1] T. Yabe *et.al.* A multidimensional cubic-interpolated pseudoparticle (cip) method without time splitting technique for hyperbolic equations. *Journal of The Physical Society of Japan*, Vol. 59, No. 7, pp. 2301–2304, 1990.

[2] C. M. Rhie and W. L. Chow. Numerical study of the turbulent flow past an airfoil with trailing edge separation. *AIAA JOURNAL*, Vol. 21, No. 11, pp. 1525–1532, 1983.

[3] 中山雄行ほか. 旋回関数の定義と渦流の同定法への応用. 日本機械学会論文集 B 編, Vol. 77, No. 725, pp. 22–29, 2007.

[4] K. Sawada. A convenient visualization method for identifying vortex centers. *Transactions of Japan Society for Aeronautical and Space Sciences*, Vol. 38, No. 120, pp. 102–116, 1995.

[5] H. A. Van der Vorst. Bi-cgstab: A fast and smoothly converging variant of bi-cg for the solution of nonsymmetric linear systems. *SIAM J. Sci. Stat. Comput.*, Vol. 13, pp. 631–644, 1992.

[6] 田村敦宏, 菊地一雄, 高橋匡康. だ円形境界値問題の数値解法—残差切除法について：ポアソン方程式への応用. 日本機械学会論文集 B 編, Vol. 62, No. 604, pp. 62–69, 1996.

[7] C. A. J. Fletcher. コンピュータ流体力学. シュプリンガー・フェアラーク東京, 1993.

[8] 富士総合研究所編. 汎用流体解析システム:FUJI-RIC/α-FLOW. 丸善, 1993.

[9] 荒川忠一. 数値流体工学, 東京大学出版会, 1994.

[10] D. C. Wilcox. Reassessment of the scale-determining equation for advanced turbulence models. *AIAA Journal*, Vol. 26, No. 11, 1998.

[11] 安倍賢一, 長野靖尚, 近藤継男. はく離・再付着を伴う乱流場への適用を考慮した k–ε モデル, 日本機械学会論文集 B 編, Vol. 58, No. 554, pp. 3003–3010, 1992.

[12] 喜久田啓明, 古川雅人. ターボ機械における旋回失速初生の大規模 DES 解析. 九州大学情報基盤研究開発センター全国共同利用システム広報, Vol. 3, No. 1, pp. 38–44, 2009.

[13] S. V. Patanker. コンピュータによる熱移動と流れの数値解析. 森北出版, 1985.

[14] Y. Yoshihiko *et. al.* Efficient Immersed Boundary Method for Strong Interaction Problem of Arbitray Shape Object with the Self-Induced Flow, *Journal of Fluid Science and Technology*, Vol. 2, No. 1, pp.1–11, 2007.

[15] C.W. Hirt and B.D. Nichols. Volume of fluid (vof) method for the dynamics of free boundaries. *Journal of Computational Physics*, Vol. 39, pp. 201–225, 1981.

[16] 姫野武洋, 渡辺紀徳. 微小重力環境における気液界面挙動の数値解析. 日本機械学会論文集 B 編, Vol. 65, No. 635, pp. 2333–2340, 1999.

[17] L.E. Eriksson. Generation of boundary-conforming grids around wing-body configurations using transfinite interpolation. *AIAA J.*, Vol. 20, No. 10, pp. 1313–1320, 1982.

索 引

●英数字
1次風上差分　49
2次元チャネル流れ　58
ADI法　151
BiCGStab法　134
CFL条件　48
CIP法　53
CUI　1
DES　170
diff　142
enumerate()関数　16
Git　116
HSMAC法　65
ISOLATED境界条件　80
$k-\epsilon$モデル　159
$k-\omega$モデル　165
LES　167
mathライブラリ　8
matplotlib　6
NS方程式　61
NumPyライブラリ　4, 8
OS　3
PFIX境界条件　79
Python　3, 6
range()　11
RANS　159
SMAC法　62
SOLA法　65
SOR法　143
Sourcetree　116
SYMM境界条件　81
TDMA法　144
transfinite内挿　184
VFIX境界条件　75

VOF法　177
WALL境界条件　77

●あ行
圧力項　61
圧力ノード　67
安定条件　39
一般化2段階法　152
一般曲線座標系　180
インデックス　13, 14, 85
渦度　131
渦粘性　164
オイラー陰解法　42
オイラー陽解法　39

●か行
拡散方程式　37
風上差分法　49
可視化　117
仮想外力法　173
片側差分　25
壁法則　160
関数　10
完全陰解法　42
境界条件　37, 74
境界ノード　75
クーラン数　48
クランク–ニコルソン法　46, 63
グローバル変数　88
高次風上差分　53
格子生成　180
格子点　19
コメント　14
混合距離　171

●さ行
座標系　58
残差　31
時間ステップ　38
式の離散化　24
実効粘性係数　164
自由界面　176
収束　31
初期条件　38
人工粘性　50
数値粘性　50
スキーム　62
スタガード格子　67
スプリアス振動　69
正規化　31
セル　67
旋回関数　132
層流　157

●た行
大域変数　88
対数則　160
対流項　61
対流方程式　47
タプル　13
中心差分　25, 48
通常ノード　75
定常計算　171
データの離散化　18
トレーサー　127

●な行
ナビエ–ストークス方程式　61

二階の差分　26
粘性項　61
粘性底層　161
ノード　19

●は　行
バージョン管理ツール　116
配　列　14
半陰解法　46, 62
非圧縮流れ　60
非定常項　61
表面張力　178
物体適合格子　180
フラクショナルステップ法　65
プロジェクション法　64
ヘリシティ　132
偏微分方程式　18

●ま　行
摩擦速度　160
密度関数法　176
モジュール　9

●や　行
ヤコビ法　29
有限差分　24
有限差分法　18, 27

●ら　行
ラプラス演算子　60
乱　流　157
乱流粘性　164
離散化　18, 24
流　跡　127
流　線　127
流　脈　127
レイノルズ応力　163
連続の式　60
連立1次方程式　29

著者略歴
松井　純（まつい・じゅん）
1988 年　東京大学工学部機械工学科卒業
1993 年　東京大学大学院工学系研究科博士課程修了
1993 年　横浜国立大学工学部生産工学科　講師
1996 年　横浜国立大学工学部生産工学科　助教授
2009 年　横浜国立大学大学院工学研究院　教授
　　　　博士（工学）

Python による　はじめての数値流体力学

2024 年 9 月 30 日　第 1 版第 1 刷発行

著者　　　松井　純

編集担当　村上　岳(森北出版)
編集責任　富井　晃(森北出版)
組版　　　中央印刷
印刷　　　同
製本　　　協栄製本

発行者　　森北博巳
発行所　　森北出版株式会社
　　　　　〒102-0071　東京都千代田区富士見1-4-11
　　　　　03-3265-8342（営業・宣伝マネジメント部）
　　　　　https://www.morikita.co.jp/

© Jun Matsui, 2024
Printed in Japan
ISBN978-4-627-69211-4